KB115510

내 몸이
궁금해서
내 맘이
궁금해서

생리학자
나흥식 교수와
함께하는

내 몸이
궁금해서

나흥식 지음

내 맘이
궁금해서

이와우

집단지성과 우매한 군중은 종이 한 장 차이입니다. 정확한 정보를 바탕으로 제대로 된 판단을 하느냐가 문제의 핵심입니다. 집단의 판단 능력을 무엇으로 키울 수 있을까요? 두말할 것 없이 '정확한 정보의 공유'입니다.

콜레라가 창궐했던 1800년대 초반 유럽에서는 청결과 공중위생이 저항을 받는 급진적 개념이었습니다. 100년이 넘는 기간 동안 남극을 제외한 지구 전 지역에서 수백만 명을 죽음에 이르게 한 콜레라는 역설적으로 공중위생을 개선하는 촉매 역할을 했습니다.

영국 의회의 공무원이자 공중위생의 선구자로 불리는 에드윈 채드윅은 1842년 한 보고서를 통해 "주거를 개선하고 식수 및 하수를 제대로 관리하는 것이 전염병을 예방하는 지름길"이라고 주장했습니다. 이를 계기로 각종 질병이 독가스에 의해 발생한다는 '독가스론'과 무엇인가에 의해 전파된다는 '전염론'으로 대치되던 전염병의 원인 논쟁이 정리되었고, 이후 세계는 최악의 상황을 벗어나 인구 폭발을 맞이하게 되었습니다. 공중위생을 급진적 개념으로 취급하던 영국 사람들이 먹는 물을 조심하게 된 것이 겨우 200년 전의 일이니 격세지감이 듭니다.

코로나19의 원조 격인 스페인독감이 5억 명의 환자와 5,000만~1억 명의 사망자를 낸 것은 그 당시 인구가 18억 명이라는 점을 감안하면 엄청난 일입니다. 참고로 코로나19는 2022년 6월 현재 5억 3,000만 명의 환자와 630만 명의 사망자를 냈습니다. 인구수와 전염력을 감안하면 세계가 코로나19에 아주 잘 대처한 셈입니다. 이는 예방주사와 치료제의 개발과 함께 과학적 근거를 바탕으로 한 마스크 쓰기와 사회적 거리 두기에 대한 방침을 잘 수립한 덕분입니다. 그러나 정확한 정보를 제공했더라도 사람들이 받아들이지 않았다면 이런 쾌거는 불가능했을 것입니다.

많은 책들이 그렇듯이 이 책도 집단지성을 이루는 데 조금이라도 보탬이 되었으면 하는 바람을 갖고 썼습니다. 인간의 본성이나 인간관계 그리고 자연 보존과 환경 파괴 등 인류의 미래와 연관된 내용을 주로 담고 있으며, 그동안 너무 피상적으로만 접하여 타성에 젖듯 무심하게 보아왔던 부분들을 과학자들의 연구결과를 바탕으로 다시 한번 들추어 살펴보았습니다.

"쟤는 도저히 이해할 수가 없어." 우리가 자주 하는 말입니다. 살다 보면 누구나 상대방을 이해할 수 없는 경우가 발생합니다. 무엇이 문제일까요? 우선은 내 이해력이 부족하기 때문일 수 있겠지요. 이것을 해결하려면 내 이해력을 증진시키는 것이 급선무입니다. 남 탓을 할 필요가 없습니다. 무엇보다 만나서 상대방이 왜 그런 생각이나 행동을 하게 되었는지, 그 이유를 알아내면 상대방을 이해하기가 쉬워집니다. 자세하게 알면 훨씬 쉽게 이해되고 오해가 풀리면 사랑하게까지 됩니다.

그러나 싫은 사람은 만나는 것 자체가 힘듭니다. 그렇다고 서로 보지 않는 상태를 그대로 방치하면 만남은 점점 멀어집니다. 개인은 물론 여야의 정적이나 국가 원수들 간에도 마찬가지입니다. 만나기만 하면, 만나서 눈빛을 교환만 하면 그 즉시 가지고 있던 오해는 상당 부분이 풀어지며 순식간에 모든 악감정이 사라지기도 하는데 말입니다.

우리는 직립하면서 네발짐승이 보던 땅바닥 대신 상대방의 얼굴을 보게 되었습니다. 얼굴의 털을 모두 없애고 미세한 표정으로 내 생각과 감정을 상대방에게 전달할 수 있게 되었습니다. 다른 동물들과는 비교가 되지 않을 정도로 잘 발달된 얼굴근육을 통해 이루어지는 작업입니다. 순간순간의 표정을 서로 주고받는 행위는 우리는 익숙하여 잘 느끼지 못하지만 예술의 경지입니다.

선글라스를 쓴 사람과 대화를 해본 경험이 있으신가요? 무시당하는 느낌이 듭니다. 상대방의 시선을 알 수 없기 때문입니다. 정면에서 흰자위가 보이지 않는 침팬지의 눈을 보면 선글라스를 쓴 사람처럼 도통 시선을 알 수 없습니다. 우리는 얼굴 표정과 함께 흰자위가 있는 눈의 맞춤을 통해서도 많은 것을 주고받습니다. 영상통화는 실시간이라지만 직접 만나서 이야기하는 것과 전혀 다릅니다. 영상통화를 하는 동안 연결이 끊기거나 지연되는 시간이 길면 더 그렇습니다. 가수들의 콘서트가 방송이나 뮤직비디오와는 다르다는 것을 알기 때문에 관객들은 많은 공을 들어 공연장을 찾습니다. 녹화된 강연 동영상 역시 대면 강연과는 집중도 면에서 비교가 되지 않지요.

영상통화나 인터넷에 매몰된 현대인들이 사람의 얼굴보다 전자기기의 스크린에 익숙해져 가는 것은 바람직한 상황이 아닙니다. 많은 사람들이 앞에 있는 사람의 얼굴은 도외시하고 휴대전화를 보느라 구부정한 모습으로 앉아 있거나 걸어 다니는 모습을 보면 400~500년 만에 겨우 직립에 성공한 것이 무색하게 다시 네발짐승으로 돌아가려는 것처럼 보입니다. 코로나19는 불에 기름을 붓듯 사회적 거리 두기를 통해 우리의 눈 맞춤을 더욱더 가로막고 있습니다. 눈 맞춤을 하면 사랑호르몬이라고 불리는 옥시토신이 분비된다는 연구결과를 보면 오늘날의 현실이 더욱 안타깝습니다.

전 세계 인구가 80억인데 인구 절벽이라는 말이 자주

언급되는 것에 대해 어떻게 생각하시나요? 앞으로 반세기가 지나면 인구가 100억에 근접할 것으로 예상됩니다. 우리는 몇 명을 기준으로 인구 절벽을 정했을까요? 인구가 100억이 되면 우리가 먹어야 할 소, 돼지, 그리고 닭의 농장은 어마어마하게 늘어야 하고 에너지 수요 또한 폭발적으로 늘어날 것입니다. 각 나라는 자기 나라의 국익을 위해 인구수를 늘리려고 혈안입니다. 이대로 가면 인구가 소멸되어 나라가 사라질지 모른다고 겁도 줍니다. 각 나라가 서로 경쟁적으로 인구를 늘리면 세계 인구는 훨씬 빨리 100억에 도달할 것입니다. 경쟁을 멈추지 않는다면 100억을 넘지 말라는 법이 있을까요? 흡사 브레이크 없이 폭주하는 기관차처럼 느껴집니다. 지구에 사는 어느 생명체도 자신의 환경을 이렇게 무참히 파괴하지는 않습니다.

유럽의 초등학교 선생님들은 아이들에게 자동차가 아닌 도보나 자전거로 등교하라고 교육합니다. 우리가 자동차를 덜 타면 지구 온난화가 멈추어 북극곰이 제대로 살 수 있게 된다는 말을 꼭 덧붙이지요. 아이들이 부모를 설득해 헬멧과 무릎보호대를 착용하고 자동차가 아닌 자전거로 등교하는 모습은 교육의 위력을 다시 한번 느끼게 합니다. 지금이라도 하나씩 해나가면 되겠지요?

　'가만히 있으면 중간이라도 간다'고 하지만 동의할 수 없습니다. 가만히 있으면서 아무것도 하지 않으면 우리 모두 우매한 군중으로 추락할 수 있기 때문입니다. 결국은 보이지 않는 손에 의해 조종을 당하겠지요. 이 책이 우리 모두가 정확한 지식과 정보를 바탕으로 제대로 된 판단을 하여 집단지성의 일원이 되는 데 조금이라도 보탬이 되었으면 합니다.

차례

1

우리의 기분을 결정하는
호르몬들

심장, 위, 간, 콩팥, 허파 등 우리 몸의 장기들은 각기 전혀 다른 기능을 하고 있습니다. 심하게 말하면 상대방에게는 관심이 없고 자기 일만 열심히 하는 이기적 집단처럼 보입니다. 그러나 이들에게는 함께 이루어야 할 목표가 하나 있습니다. 바로 생명 유지입니다. 이를 위해서는 각 장기의 기능이 중구난방이 되지 않도록 전체를 잘 조종하는 지휘자가 필요합니다. 신경계와 내분비계가 바로 그 역할을 합니다.

각 장기를 행정조직으로 보면 지방자치단체(지자체)와

유사합니다. 지자체는 주민을 위한 정책을 지역의 특성에 맞게 수립해 집행합니다. 다른 지역보다는 우선 그 지역을 배려하겠지요. 이에 비해 중앙정부는 특정 지역보다는 나라 전체의 발전과 국민의 행복을 위해 국가를 운영합니다. 지휘자와 같은 내분비계와 신경계는 중앙정부와 비슷합니다. 신경계 중 하나인 자율신경계는 교감신경계와 부교감신경계를 통해 몸 전체의 장기를 조율합니다. 출혈이 심한 경우, 교감신경이 심장을 빠르게 뛰게 하고 혈관을 수축시키며 콩팥에는 소변을 적게 만들게 해 궁극적으로 혈압이 떨어지는 것을 막아줍니다. 재빠르고 일사불란한 조치입니다.

그런데 신경계는 전기적으로 정보를 전달하기에 반응 속도가 빠르지만 쉽게 둔해지기 때문에 뒷마무리가 부실합니다. 따라서 신경계만 작동한다면 결국 혈압이 떨어지게 됩니다. 반면 내분비계는 출혈이 심하면 부신피질호르몬 중 알도스테론을 분비해 혈액량을 보충하고 콩팥에서 만들어지는 적혈구생성인자를 통해 적혈구 수를 늘립니다. 출혈로 부족해진 혈액을 채우는 작업을 하는 것입니다. 이렇듯 내분비계는 변화에 대한 대처를 제대로 해 뒷마무리를 잘하는 편입니다. 그러나 호르몬은 화학적으로 정보를 전달하기에 신경계보다 반응 속도가 늦다는 단점이 있습니다. 결국 신경계와 내분비계는 반응 속도와 뒷마무리 부분에서 자기의 장점으로 상대방의 단점을 보완하며 모든 장기의 기능을 함께 지휘할 수 있습니다.

내분비계는 각 호르몬의 '음성되먹임 조절negative feedback control'을 이용합니다. 굶주려서 혈당이 떨어질 경우 스트레스호르몬이나 글루카곤 등을 분비해 간이나 근육에 저장된 포도당을 혈액으로 끌어냅니다. 식욕도 촉진시킵니다. 반면에 포도당을 저장하려는 인슐린의 분비는 억제시킵니다. 이 모든 것은 내분비계가 각 장기를 지휘해 떨어진 혈당을 높이려는 작업입니다. 우리 몸에서 혈당을 높이는 호르몬은 스트레스호르몬이라 불리는 부신피질호르몬과 부신수질호르몬을 포함해 글루카곤, 성장호르몬, 갑상선호르몬 등 5개나 됩니다. 그러나 혈당을 낮추는 호르몬은 인슐린 하나뿐입니다. 균형을 생각한다면 5 대 1은 기울어져 보입니다. 왜 이럴까요? 아주 오래전 우리의 옛 조상들이 수렵과 채취로 먹이 활동을 할 때는 먹을 것이 충분하지 않았습니다. 따라서 그때의 주요 걱정은 먹을거리가 부족해 저혈당이 되는 것이었습니다. 이를 방지하려고 혈당을 높이는 호르몬을 5개나 장치한 것입니다. 현명해 보입니다. 아주 가끔이지만 포식하는 날을 위해서는 인슐린을 만들어놓았지요.

오늘날 우리의 식단은 매일 큰 동물을 사냥한 잔칫날처럼 풍요로워지고 있습니다. 마음만 먹으면 언제나 포식할 수 있지요. 따라서 수시로 인슐린에 과부하가 걸려 결국 당뇨병으로 발전합니다. 만약 우리에게 인슐린처럼 혈당을 낮추는 호르몬이 하나라도 더 있었다면 현재 당뇨병을 치료하고 있는 내분비내과 의사의 일이 많이 줄어들었을 것입니다. 우리의 진화가 너무 느려 말 그대로 가상일 뿐이기는 하지만요.

행복호르몬 4인방은 엔도르핀, 세로토닌, 도파민, 옥시토신입니다. 행복호르몬의 분비를 촉진시키는 것은 여러가지가 있습니다. 운동, 마사지, 눈 맞춤, 매운 것 먹기, 웃음, 명상 등입니다. 매운 것 먹기가 의외이지요? 2021년 노벨생리의학상을 받은 미국 캘리포니아 주립대학교의 데이비드 줄리어스David Julius 교수는 열 자극과 캡사이신이 동일하게 캡사이신 수용체를 통해 전달되어 모두 통각을 유발한다는 사실을 밝혀 그 연구 업적을 인정받았습니다. 고추장찌개가 뜨거울수록 더 맵게 느껴지는 이유가 바로 이 때문입니다. 캡사이신은 매운맛을 느끼게 함과 동시에 행복호르몬인 엔도르핀을 분비하고, 열이 높다고 오판하게 한 뒤 땀을 내어 스트레스를 해소시켜 줍니다. 우리는 매운맛을 즐기는 게 아니라 먹은 후 분비되는 엔도르핀을 원하는 것이 아닌가 의심이 듭니다.

아기 원숭이를 이용한 실험을 하나 소개하겠습니다. 다음 페이지의 그림 1처럼 한쪽에는 철사로 된 어미 모양의 구조물에 우유병을 놓고, 다른 한쪽에는 우유병은 없지만 어미 모양의 구조물에 벨벳 담요를 덮어놓았습니다. 아기 원숭이는 어느 쪽으로 갈까요? 질문의 의도로 보면 벨벳 담요 쪽으로 가는 것이 정답일 듯합니다. 맞습니다. 왼쪽 사진처럼 대부분의 아기 원숭이는 우유보다 벨벳 담요에 의해 분비되는 행복호르몬을 택했습니다. 그런데

그림 1. 원숭이의 선호도 실험

그중 기상천외하게 비범한 원숭이가 한 마리 있었습니다. 이 원숭이는 오른쪽 사진처럼 몸을 비스듬히 해 우유를 먹으면서 몸의 절반은 벨벳 담요 쪽에 기대고 있었습니다. 둘 다 얻은 것입니다. 천재 원숭이입니다.

400~500만 년 만에 직립에 성공한 인간은 네발짐승이 항상 보던 땅바닥이 아니라 상대방의 얼굴을 보게 됐습니다. 얼굴 표정과 시선으로 서로의 생각과 감정 변화를 주고받게 된 것입니다. 미국 하버드대학교의 마가렛 리빙스턴Margaret Livingstone 교수가 2017년 「네이처 신경과학

Nature Neuroscience」에 자폐증의 가능성이 높은 아기가 부모와 자주 눈을 맞추면 자폐증 유병률이 줄어든다고 보고했습니다. 눈을 맞출수록 옥시토신의 분비가 증가한다는 사실은 잘 알려져 있습니다. 옥시토신이 부족하면 자폐증에 걸릴 확률이 높다는 것도 검증된 연구결과입니다. 눈을 맞추면 자폐증의 유병률이 낮아지는 이유를 눈치채셨지요? '사랑은 눈으로 한다'는 말을 보면 옥시토신이 사랑호르몬이라고 불리는 이유를 알 것 같습니다. 일본 아자부대학교의 다케푸미 키쿠쉬Takefumi Kikusui 교수가 2015년「사이언스Science」에 보고한 연구결과에 따르면 강아지와의 눈 맞춤도 옥시토신 분비를 촉진시키며 정신건강에 긍정적인 효과를 나타낸다고 했습니다. 눈 맞춤이 강아지의 옥시토신도 분비시켜 건강을 지켜준다고 하니 일거양득입니다.

건강을 위해 스트레스를 완화시켜 스트레스호르몬의 분비를 줄이고 눈 맞춤과 스킨십 등으로 행복호르몬의 분비를 늘리시기 바랍니다.

2

식물에도 뇌가 있다

국회가 제대로 돌아가지 않으면 식물 국회라고 말합니다. 2016년 일하는 국회를 외치며 개원했던 20대 국회는 법안 처리율 30.2퍼센트를 기록했습니다. 식물 국회라는 꼬리표가 붙었던 19대 국회보다도 법안 처리율이 낮은 역대 최저 기록이었습니다. 대통령의 임기가 후반부에 들어가 레임덕 현상을 보이면 정적들이 대통령을 식물 대통령이라 부릅니다. 대통령의 방패막이로 쓰이는 국무총리를 식물 총리라고 부르기도 하지요. 야구경기에서는 타격이 부진한 선수를 식물 타자, 여러 명의 타자가 줄줄이

못 치면 식물 타선이라고 비아냥거립니다.

'식물인간vegetative state'과 '뇌사brain dead' 상태의 차이를 아시나요? 식물인간은 대뇌의 기능이 정지된 상태이고 뇌사는 대뇌와 함께 중뇌, 연수(숨골)의 기능마저 정지한 상태입니다. 대뇌의 기능이 정지된 식물인간은 의식이나 운동 기능은 없으나 자발적으로 호흡이 가능해 맥박과 혈압, 체온은 유지할 수 있습니다. 간단하게 말하면 식물인간은 살아 있지만 의식이 없습니다. 아무래도 식물 국회나 식물인간 등과 같이 이름 앞에 식물을 넣는 이유는 식물이 살아 있으면서도 움직이지 못한다는 사실에 빗대어 속으로 동물보다 식물을 얕잡아본 것 같습니다. 그러나 천만의 말씀입니다.

식물에도 뇌와 같은 기능을 하는 구조가 있다는 사실을 아시나요? 진화론을 창시한 찰스 다윈은 식물의 뿌리에 동물의 뇌와 유사한 기능을 하는 구조물이 있어서 식물도 지능 활동을 한다는 '루트 브레인root-brain' 가설을 제시했습니다. 최근의 연구에서 식물이 뇌와 유사한 기능을 갖고 있다는 것이 증명되고 있습니다. 서울대학교의 박충모 교수 연구팀은 2016년 「사이언스 시그날링Science Signaling」에 식물의 뿌리가 외부의 신호를 받아 분석하고 그에 따른 명령을 하는 등 뇌의 감각이나 운동과 유사한 기능을 한다고 보고했습니다. 박 교수 연구팀은 잎에서 흡수된 빛이 관다발을 통해 뿌리까지 전달된다는 사실을 광화학적 및 분자생물학적 기술을 이용해 증명했습니다. 뿌리로 전달된 빛은 뿌리의 생장과 발달을 촉진하고 궁극적으로 잎과 줄기의 생장에 영향을 준다고도 했습니다. 식물 뿌리가 기존에 알려진 물과 양분의 흡수와 같은 단순한 기능보다 훨씬 고차원의 기능을 하는 '컨트롤 허브control hub'임을 밝힌 것입니다.

초식동물들은 육식동물로부터 위협을 받으면 서로 위험 신호를 주고받아 위기를 모면합니다. 나무 위에서 원숭이 무리가 알려주는 경우도 있습니다. 새 무리 중에는 동료 새에게 위험한 상황을 소리로 알려주는 보초 새(경계 업무를 담당하는 새)가 있습니다. 이 새는 포식자에게 쉽게 들켜서 잡아먹힐 가능성이 높으며, 경계하느라 먹이를 제대로 먹을 수도 없습니다. 이대로라면 보초 새는 머지않아 지구 상에서 사라질지도 모릅니다. 사실 보초 새는 가끔 포식자가 나타난 것처럼 거짓으로 위험 신호를 알린 뒤 독상을 받듯 혼자 먹이를 마음껏 먹음으로써 생존을 유지하며 다른 새들은 이런 행동을 눈감아줍니다.

미국 위스콘신대학교의 마사쓰구 토요타Masatsugu Toyota 교수 연구팀은 2018년 「사이언스」에 식물도 동물의 경계 업무와 같은 정보 전달을 한다고 보고했습니다. 토요타 교수 연구팀은 식물의 잎이 초식동물이나 곤충에게 먹히기 시작하면 다른 잎에 위험 신호를 보낸다는 사실을 확인했습니다. 원숭이나 보초 새가 보여주는 경계 업무와 너무도 유사합니다. 잎의 모든 신호 전달 과정은 글루탐산염에 의해 시작됩니다. 외부 공격을 감지한 세포가 분비한 글루탐산염은 칼슘 이온 통로에 작용해 칼슘 파동을 일으킵니다. 이 변화는 도미노처럼 옆으로 계속 전달되어 독성 물질을 분비하는 등 식물 전체의 안전을 도모하게 됩니다. 동물도 적으로부터 공격을 받으면 뇌세포 내에서 글루탐산염이 분비되어 칼슘 파동을 일으킵니다. 너무도 유사해 거울을 보는 듯합니다.

동물과 식물의 유사성은 신호전달계에 국한되지 않습니다. 독일 막스플랑크연구소의 지지 차이Jijie Chai 교수 연구팀은 2020년 「사이언스」에 동물과 식물의 외부 침입자를 막는 면역계 원리가 서로 비슷하다고 보고했습니다. 식물과 동물은 아주 오래전에 분리되어 독립적으로 진화해왔으나 미생물 등 외부 침입자에 대비해 형성하는 면역 수용체가 동식물 모두 'NLR 단백질Nucleotide-binding/Leucine-rich Repeat proteins'로 비슷하다는 것입니다. 동물과 식물에서 공통적으로 나타난 글루탐산염에 의한 칼슘 파동과 면역의 NLR 단백질은 동물과 식물, 균류가 수십억 년 전 모든 생명의 공통 조상인 '루카LUCA'로부터 파생됐음을 부분적으로 증명한 셈입니다.

지구의 생물량 중 가장 큰 비중을 차지하는 것은 무려 4,500억 톤의 식물로 전체 생물량의 80퍼센트에 이릅니다. 그런데 인류가 본격적으로 개발을 시작하고 가축을 사육하며 엄청난 땅을 차지한 이후 식물의 생물량이 급격하게 줄어들고 있습니다. 그 사이 전체 포유류는 폭발적으로 증가했습니다. 인류가 먹는 닭, 소, 돼지가 엄청나게 많이 사육되고 있기 때문입니다. 인류 또한 전체 생물량에서 차지하는 비율이 대형 포유류 한 종으로는 상당히 높은 0.01퍼센트에 달합니다. 인구 절벽만을 이야기하지 말고 환경 파괴에 대해 깊이 성찰해야 할 이유입니다.

육지 식물과 수생 조류가 광합성으로 만든 에너지는 지구 생태계의 젖줄입니다. 광합성은 산소가 없던 초창기 지구에 산소를 불어넣기 시작해 현재 대기의 20퍼센트 수준으로 채웠습니다. 이것 또한 생태계의 중요한 젖줄입니다. 우리가 나무 밑 그늘에서 태양을 피하듯 수많은 동물들은 식물을 은신처로 이용합니다. "모든 것을 줄 수 있어서, 그래서 나무는 행복했습니다"라는 쉘 실버스타인Shel Silverstein이 쓴 『아낌없이 주는 나무The Giving Tree』의 글귀가 생각납니다. 중환자실에서 사투를 벌이는 환자를 식물인간이라고 칭하는 것은 제외하더라도 서로 정치적인 이해관계로 손을 놓고 있는 국회를 표현할 때는 식물이라는 단어를 쓰지 말아야 합니다. 국회가 제대로 움직이지 않는다는 면을 부각시키려면 식물 국회가 아닌 돌덩이 국회 혹은 쇠붙이 국회가 적당하지 않을까요?

3

남자는 왜 검지보다
약지가 길까?

우리는 얼굴을 보고 남자인지 여자인지 쉽게 알 수 있습니다. 아주 예외적인 경우를 제외하면 남녀를 구별하는 게 그리 어려운 일은 아닙니다. 그런데 무엇을 보고 남녀를 구별하는지 그 차이점을 설명하기란 쉽지 않습니다. 길을 가다가 아는 사람을 알아보는 것도 마찬가지입니다. 여러 사람 중에서 어떤 부분을 보고 그 사람을 알아냈는지 설명하기는 어려운 일입니다.

동물의 암수를 구별하는 것은 어떨까요? 겉으로 봐서 암수를 구별하기가 어려운 동물들이 많습니다. 집에서 키우는 강아지나 고양이의 암수를 구별할 수 있나요? 고양이의 경우 흰색, 밝은 갈색, 검정색의 털이 골고루 잘 섞인 삼색이면 암컷일 가능성이 매우 높지만 거의 대부분은 생식기를 봐야 암수를 알 수 있습니다. 돼지, 다람쥐, 표범 등 많은 포유류가 암수의 구별이 어렵고 기러기, 독수리, 두루미 등 대부분의 조류도 마찬가지입니다. 어린 새끼들은 더욱 구별하기가 어렵습니다. 병아리 감별사는 항문(총배설강)과 날개 모양의 미세한 차이를 통해 암수를 구분하는데 오랜 기간 훈련을 요할 정도로 쉽지 않은 작업입니다.

암수가 쉽게 구별되는 동물의 경우에는 차이점이 사람과 비슷합니다. 하이에나 등 일부를 제외하면 대부분 골격이 크고 힘이 센 것이 수컷입니다. 수사자의 갈기나 수컷 공작의 화려한 깃털, 수컷 사슴의 뿔 등 수컷만 갖는 특정한 부분도 있습니다. 짝짓기 기간에만 모습이 달라지는 동물이 있다는 사실을 아시나요? 수컷 큰가시고기는 번식기에만 몸의 색깔이 화려하게 변해 암수가 뚜렷하게 구별됩니다. 수컷 원앙은 번식기가 되면 화려한 깃털이 생겼다가 번식기가 지나면 다시 깃털이 빠져서 원래의 색깔로 돌아갑니다. 암컷에게 잘 보이려는 계략이 있는 듯합니다. 동물의 번식기에 나타나는 몸의 색깔을 혼인색이라고 부르는 이유입니다. 암수의 차이는 모두 성호르몬에 의한 작용일 것입니다.

오랜 기간 많은 연구자들은 2번째 손가락인 '검지(2D)'와 4번째 손가락인 '약지(4D)'의 길이가 성별에 따라 다르다는 점에 주목해왔습니다. 남자는 검지가 짧고 약지는 길어서 두 손가락의 길이가 비슷한 여성과 비교하면 '검지와 약지의 길이 비율(2D:4D ratio)'이 낮습니다. 영국 리버풀대학교의 존 매닝John T. Manning 교수 연구팀이 1998년 「인간 생식Human Reproduction」에 보고한 연구결과에 따르면 남자의 오른손 2D:4D ratio가 테스토스테론에 의해 낮아집니다. 성별에 따른 2D:4D ratio의 차이는 생후 2년 된 어린아이에서도 나타나며, 태아가 자궁 안에서 테스토스테론과 에스트로겐에 어느 정도 노출되는지에 따라 결정된다고 주장했습니다. 이후 매닝 교수는 2D:4D ratio 관련 논문을 60여 편 발표했으며 그의 영향을 받은 많은 과학자들이 1,400여 편의 논문을 펴냈고 지금도 연구가 계속 진행 중입니다. 손을 바닥에 대고 확인해보시지요. 매닝 교수의 주장대로라면 남성은 약지가 검지보다 길 것이고 여성은 두 손가락의 길이가 비슷할 것입니다.

최근 들어 학제 간 융합연구가 주요 이슈로 떠오르고 있습니다. 이과와 문과의 장벽을 허무는 것은 교육자들이 관심을 가지는 부분입니다. 미국 펜실베이니아 주립대학교의 딘 스노우Dean Snow 교수는 2015년 「미국 고고학American Antiquity」에 스페인과 프랑스 등 유럽 고대 동굴 벽화 가운데 75퍼센트는 여성이 그렸다는 연구결과를 발표했습니다. 작가들이 미술 작품을 완성한 뒤 서명이나 낙관 등으로 자신을 밝히듯이, 4만 년 전 고대인들도 스페인과 프랑스에 있는 동굴에 벽화를 그리고 그림 옆에 물감을 뿜어 손의 윤곽을 그리는 방식으로 손자국을 남겼습니다. 스노우 교수는 벽화의 손자국을 매닝 교수의 2D:4D ratio 기법으로 분석해 그린 사람의 75퍼센트가 여성임을 밝혀냈습니다. 나머지 25퍼센트는 10퍼센트가 성인 남성, 15퍼센트가 소년의 손자국이었다고 설명했습니다. 이 논문은 벽화를 그린 사람이 당연히 남성일 것이라는 그간의 고정 관념에 이견을 제시한 것으로 생물학과 고고학의 학제 간 융합을 보여주는 표본이 되기도 했습니다.

그러나 최근 들어 2D:4D ratio 연구에 대해 부정적인 의견을 주장하는 연구자들이 늘고 있습니다. 2019년 「사이언스」에 2D:4D ratio 연구에 대한 회의적인 기사가 실렸으며, '미국 국립 유대의료센터National Jewish Health'의 더글라스 쿠란 에버릿Douglas Curran-Everett 박사는 2013년 「생리학 교육발전Advances in Physiology Education」에 통계 처리에 따른 과학적 신빙성을 이유로 그간의 2D:4D ratio 연구결과에 반대 의견을 피력했습니다. 더구나 미국 에모리대학교의 킴 왈렌Kim Wallen 교수는 「호르몬과 행동 Hormone and Behavior」의 편집장이 되면서 2D:4D ratio에 대한 연구논문을 게재하지 않기로 결정했습니다. 여러 가지 복잡한 내용이 있겠지만 논문의 게재 여부를 심사를 통해서 결정하지 않고 아예 원천 봉쇄를 한다는 것은 이례적인 일입니다.

암수 구별에 대한 연구는 다른 영역에서도 활발합니다. 대한민국 극지연구소 이원영 박사 연구팀은 2015년 「동물세포와 시스템Animal Cells & Systems」에 서로 비슷한 모습을 보이는 암수 펭귄의 구별법에 대해 보고했습니다. 연구팀은 턱끈펭귄과 젠투펭귄의 부리 길이와 부리 두께 그리고 3개의 발가락 중 가운데 발가락 길이로 알 수 있는 암수 판별법을 제시했습니다. 판별식이 복잡하지만 부리가 크고 가운데 발가락 길이가 길면 수컷이며 신뢰도는 90퍼센트였습니다. 이 연구는 다른 조류와 마찬가지로 외모만으로는 암수 구별이 어려운 펭귄을 생식기가 아닌 다른 부위로 구별해냈다는 점에서 돋보입니다.

남녀의 차이는 성염색체 중 Y염색체의 존재 여부입니다. 여성의 XX보다 남성의 XY가 다양해 보이지만 Y염색체는 X염색체보다 크기가 작으며 유전자 수도 78개로 2,000여 개인 X염색체 유전자 수의 20분의 1도 되지 않아 Y염색체를 가진 남자가 열성이라고 할 수 있습니다. 조류는 암컷이 ZW, 수컷이 ZZ의 성염색체를 가지고 있습니다. 포유류와는 반대로 조류는 암컷이 서로 다른 유형, 수컷이 서로 같은 유형을 이루고 있습니다.

성염색체가 다른 남녀나 암수가 다른 모습을 보이는 것은 너무도 당연합니다. 같은 외모를 갖는다는 게 더 이상합니다. 암수 펭귄의 부리 크기와 가운데 발가락 길이가 차이 나는 것을 보면 아직 우리가 모를 뿐이지 수많은 동물이 암수 차이를 갖고 있을 것이며 우리는 이것을 연구를 통해 밝혀내야 합니다. 논란의 대상이 되고 있는 인간의 2D:4D ratio에 대한 연구 또한 계속되어야 할 것입니다.

4

낙지도 통증을 느낀다

송충이가 핀에 찔리면 통각을 느낄까요? 통각신경이 있어서 느낍니다. 핀에 찔릴 때 송충이가 꿈틀거리는 것을 보면 알 수 있습니다. 그러나 송충이는 통증을 느끼지는 못합니다. 말장난 같지만 통각과 통증은 다릅니다. 통증은 뇌가 있어야 느낄 수 있습니다. 송충이는 뇌가 없어서 통증을 느끼지 못합니다. 손바닥에 불똥이 떨어지면 통각 정보는 신경을 타고 올라가 척수를 거쳐 뇌에 전달됩니다. 번개처럼 불똥을 털어내는 회피 반사는 척수에서 일어납니다. 송충이는 척수도 없습니다. 척수가 없는 송충이가 핀에 찔렸을 때 반사적으로 꿈틀거리는 것은 송충이가 갖는 고유의 신경 시스템에 의해 나타나는 회피 반응입니다. 척수를 지나 뇌로 올라간 통각 정보는 '대뇌 감각피질sensory cortex'에 전달되어 아픈 부위를 알게 합니다. '전대상피질anterior cingulate cortex'과 '대뇌 섬피질insular cortex'에 전달되어 불쾌감을 느끼게 하고, '편도amygdala'에 전달되어서는 불안감과 공포심을 갖게 합니다. 아플 때 혈압이 오르는 것은 통각 정보가 '시상하부hypothalamus'에 전달되어 교감신경을 활성화시키기 때문입니다. 불쾌감, 불안감, 공포심, 혈압 상승은 통각이 통증으로 발전하면서 나타나는 감정적 결과로 위험 자극에 대한 방어작용을 주도합니다.

통각에 대해 뇌가 갖는 또 하나의 특징은 기억입니다. 통각 정보는 위험 요소에 대한 경험을 '해마hippocampus'에 기억시켜 훗날 같은 위험에 다시 노출되면 피할 수 있도록 도와줍니다. 척추동물이 위험한 자극으로부터 개체와 종족을 보호하기 위해 많은 비용을 투자해 뇌를 만든 셈입니다. 송충이는 뇌가 없어서 통증을 느끼지 못하고 기억도 하지 못합니다. 당연히 위험한 자극을 방어하기 어렵겠지요. 하지만 송충이는 뇌 대신 엄청난 개체 수를 앞장세워 종족을 보존하고 있습니다.

2021년 영국 정부는 그동안 의회에서 논의해오던 동물복지법 개정안을 적용하기로 했습니다. 이 개정안은 개와 고양이 등 반려동물이 대상이었던 동물복지법의 적용 범위를 십각류(바닷가재, 게)나 두족류(문어, 오징어, 낙지) 등 무척추동물로 확대하는 내용을 담고 있습니다. 개정된 동물복지법에 따르면 십각류나 두족류 등을 산 채로 운반하거나 끓는 물에 넣는 행위가 금지되고, 살아 있는 것을 요리하려면 요리 전에 기절을 시켜야 합니다. 최근 들어 조개류, 갑각류 등 무척추동물도 통각을 느낀다는 연구결과가 보고된 후, 통각을 최소화하는 등 인도적인 차원의 배려를 해야 한다는 취지에서 이 법안에 대한 토의가 시작됐습니다. 이미 스위스나 뉴질랜드, 오스트리아 등에서는 바닷가재를 산 채로 삶는 것이 불법입니다. 스위스에서는 바닷가재를 산 채로 삶으면 형사 처벌의 대상이 되며, 살아 있는 바닷가재를 요리하려면 요리 전에 전기 충격을 주거나 망치로 때려 기절을 시켜야 합니다. 살아 있는 바닷가재를 얼음 위에 올린 상태로 운반하는 것도 금지되어 있습니다.

하지만 겉모습과는 달리 바닷가재의 신경계는 곤충과 유사할 정도로 원시적입니다. 바닷가재는 신경세포의 수가 겨우 10만 개로 1,000억 개에 이르는 인간의 100만분의 1 정도이며 뇌가 없어서 통증을 느끼지도 못합니다. 바닷가재와 같이 뇌가 없는 동물은 지렁이, 거머리, 달팽이, 곤충 등의 무척추동물입니다. 바닷가재의 신경계가 곤충의 신경계와 유사하다고 주장하는 근거가 여기에 있습니다. 영국에서 동물복지법 개정안으로 바닷가재를 보호하는 것이 타당하다고 생각할지 모르나 신경계 수준에서 보면 바닷가재를 죽이는 게 파리나 모기 등 곤충을 죽이는 것과 크게 다르지 않다는 사실도 알아야 합니다.

문어, 오징어, 낙지 등 두족류는 놀라울 정도로 잘 발달된 신경계를 갖고 있으며 척추동물인 어류, 양서류, 파충류, 조류, 포유류처럼 뇌도 가지고 있습니다. 따라서 두족류는 통증을 느낄 가능성이 높으므로 살아 있는 문어를 삶는다든가 낙지를 산 채로 요리해 먹는 것은 재고해야 합니다. 뇌를 가지고 있다는 점을 감안하면 그렇다는 것입니다. 문어나 낙지의 입장에서 보면, 자기들을 뇌가 없는 바닷가재나 게와 같은 수준으로 취급하는 영국의 동물복지법 개정안이 불만스러울 것입니다.

파울이라는 독일의 유명한 문어를 기억하시나요? 파울은 2010년 FIFA 월드컵과 UEFA 유로 2008에서 독일 축구 국가대표팀의 경기 결과를 정확하게 예상해 유명해졌습니다. 파울이 2010년 월드컵에서 독일이 치른 여덟 경기의 승패를 모두 정확하게 예측한 것은 256분의 1의 확률로, '족집게 점쟁이 문어'라는 별명을 갖기에 충분해 보입니다. 그런데 문어가 경기 결과를 예측한 것이 의미가 있을까요? 문어가 축구를 볼 줄 아는 것도 아니고 축구에 관심이 없어서 보지도 않을 테니 축구가 끝난 뒤 결과를 맞히게 해도 상관이 없을 것입니다. 예측이라는 이슈는 우리들의 관심 사항일 뿐입니다. 파울은 수족관 속에서 각 나라의 국기가 그려진 상자 속 홍합을 먹는 것으로 승리할 팀을 알려주었습니다. 문어의 뛰어난 예측력을 보고 문어의 지능이 세 살 아이 수준이라는 주장을 하는가 하면, 자주 보았던 독일 국기에 익숙해졌거나 훈련을 통해 독일 국기를 선택했을 가능성이 있다는 주장도 나왔습니다. 어떤 주장이든 문어가 상당한 수준의 지적 능력을 갖추어야 설명이 가능하다고 생각합니다.

측은한 마음으로 인도적인 해석을 하면 어느 생명체든 죽이기 어렵습니다. 길을 걸어 다니기도 쉽지 않습니다. 개미 등 잘 보이지도 않는 생명체를 밟을지 모르니까요. 비가 온 뒤 길 위에 출몰하는 지렁이야 눈에 잘 보이니까 밟지 않고 피해 갈 수 있지만, 눈에 잘 띄지 않는 크기라면 피해 가기가 쉽지 않습니다. 만일 우리가 길을 걸을 때 신발에 밟히는 생명체를 동영상으로 찍어 방송으로 여론몰이를 하면 어느 누구도 자신 있게 걸어 다닐 수 없을 것입니다. 어떻게 생각하시나요?

뇌를 갖고 있는 문어나 낙지를 변호하기 위해 뇌의학자의 입장에서 한 말씀드렸습니다.

5

온라인 수업이 준 교훈

"대학교수는 무면허로 강의하고 있다." 제가 10여 년 전 교육부문 우수 교수로 선정된 뒤 「매일경제」와 인터뷰하면서 한 말입니다. 유치원부터 초중고등학교의 모든 선생님들은 교사 자격증이 있으나 대학교수는 교육에 관한 한 자격증이 없습니다. 연구 업적을 중심으로 대학교수를 임용하므로 신임 교수의 첫 강의는 대학이나 교수 모두에게 모험에 가깝습니다. 수영 실력을 검증받지 않은 안전요원이 사람을 구하러 바다에 뛰어든 셈입니다. 대학이 교육에 투자해야 하는 아주 확실한 이유입니다.

미국 캘리포니아 주립대학교의 필 번Phil Bourne 교수가 2007년 미국 공공과학도서관 생물학지인 「플로스 계산생물학PLoS Computational Biology」에 좋은 발표를 할 수 있는 열 가지 법칙에 대해 기고했습니다. 이 논문에 30년 넘게 강의를 했던 제 경험을 덧붙여 좋은 발표자가 갖춰야 할 덕목 몇 가지를 정리해보았습니다.

청중과 눈으로 교감하는 것이 중요합니다. 어린이 TV 프로그램처럼 교수가 학생 하나하나와 눈을 맞추어가면서 강의를 하면, 학생들은 교수가 자기 자신에게 설명해주는 듯이 느끼게 되고, 이를 통해 교수는 강의실 분위기를 주도할 수 있습니다.

전달할 내용을 적게 할수록 좋습니다. 평가가 나쁜 강의의 공통적인 특징은 강의 내용이 많다는 것입니다. 학생들이 강의를 듣고 그 내용을 정확히 모른다면, 그 책임은 교수에게 있습니다. 강의 자료는 꼭 필요한 내용을 중심으로, 강의 시간에 소화할 수 있는 양만큼 만드는 것이 효과적입니다.

전달할 내용을 분명히 하는 게 중요합니다. 1시간 강의에

5개가 넘지 않는 주요 메시지를 정하고, 강의하는 도중 끊임없이 그 내용을 주지시켜 주는 것이 좋습니다. 미리 시험 문제를 내놓고 강의를 한다면 바람직한 결과를 얻을 것입니다.

강의에 대한 연습을 해야 합니다. 이를 통해 강의 시간을 정확히 맞추는 것이 바람직합니다. 시험 결과의 분석이나 학생들의 질문을 통해서도 강의를 개선할 수 있습니다. 학생들이 시험에서 많이 틀린 부분이나 폭풍 질문의 대상이었던 부분은 검토해보는 편이 좋습니다.

강의를 이야기하듯 흥미롭게 진행하면 좋습니다. 강의 내용을 옛날이야기처럼 만들면, 학생들의 귀를 솔깃하게 만들수 있습니다. 이야기는 닫힌 뇌를 열 수 있는 열쇠입니다.

자기의 강의를 스스로 평가해보아야 합니다. 자기의 강의를 녹음하거나 녹화해서 분석해보면, 강의를 할 때의 장단점을 손쉽게 파악할 수 있습니다.

학생들의 이름을 외우면 좋습니다. 사회생활을 성공적으로 이끄는 데 필요한 요건 중 하나가 상대방의 이름을 잘 기억하는 것입니다. 공부에 왕도가 없듯이, 교육에도 왕도는 없습니다. 교육에 대해서 항상 생각하고 끊임없이 연습하는 것만이 진정한 교육자가 되는 지름길이 아닐까 생각합니다.

전 세계를 강타한 코로나19는 교육 현장을 초토화시켰습니다. 수업이 비대면 형태로 바뀌면서 필 번 교수가 첫 번째로 제시한, 학생과 눈을 맞추면서 교감하라는 제언이 무용지물이 됐습니다. 교수가 학생과 눈 맞춤을 하는 것은 고사하고 표정조차 알기가 힘들어 학생들이 강의 내용을 어느 정도 이해하고 있는지, 어떤 부분을 힘들어하는지를 파악하기 어렵습니다. 학생들 간의 교류 부족도 심각합니다. 대학에 입학하고 2년이 지났는데 서로 얼굴도 제대로 모르고 비대면 토론 수업에서는 동기생들끼리 서로 깍듯한 존댓말을 할 정도입니다.

이런 와중에 고려대학교 의과대학의 류임주 교수 연구팀은 2021년 「대한의학회지Journal of Korean Medical Science」에 비대면 수업이 예상과는 다른 결과를 보였다고 보고했습니다. 비대면 수업을 받은 학생들의 성적이 코로나19 이전에 대면 수업을 받았던 학생들의 성적보다 좋아진 것입니다. 성적의 양극화가 나타나는 등 약간의 부정적인 면이 있지만 전반적으로는 긍정적 결과입니다. 이는 학생들이 어릴 적부터 들어왔던 인터넷 강의에 익숙하며 궁금하거나 부족한 부분을 녹화된 동영상으로 다시 볼 수 있기 때문이라고 추정했습니다. 학생들의 설문에서도 수업에서 부족한 부분을 다시 볼 수 있는 점을 높게 평가했습니다. 비대면 수업에서 얻은 교훈을 통해 코로나19 이후에 대면 수업을 진행하더라도 강의 내용을 녹화해 학생들에게 공급한다면 교육에 효과적일 것으로 생각합니다.

각 대학교에서는 강의실에서 진행하는 일부 수업을 온라인으로도 생중계하고 있습니다. 고려대학교에서는 이 수업 방식을 'NeMoNetworked Modular Class'라는 이름으로 운영하고 있습니다. 수강생들이 강의실은 물론 인터넷이 되는 곳이면 어디서든 스마트폰이나 컴퓨터를 이용해 강의를 들을 수 있으며, 인원의 제한이 없어서 500명 넘게 수강 신청을 할 수 있습니다. NeMo Class 강의 형식은 교수와 학생을 공간의 제약으로부터 자유롭게 해줄 수 있으며 수강 신청에 실패해 대기 상태로 남겨지던 학생들의 수업권을 보장해줄 수 있습니다. 대학은 NeMo Class로 인해 생긴 교육 공간의 여유분을 학생들이 토론하거나 교수들이 연구하는 데 활용할 수 있는 등 NeMo Class가 향후 학교 발전에도 기여하리라 생각합니다.

NeMo Class를 진행하면 강의실에서 수업을 듣는 학생은 20~30퍼센트 정도이고 온라인으로 수강하는 학생은 약 70~80퍼센트입니다. NeMo Class를 운영하기 전에는 학생들이 강의실에 너무 많이 오거나 너무 적게 오는 것을 걱정했는데 모두 기우였습니다. NeMo Class의 출결 확인은 강의에 로그인과 로그아웃을 한 시점을 기준으로 합니다. 등교 시간이나 거리상의 제약을 덜 받아서인지 NeMo Class의 출석률은 강의실에서 진행하던 이전 수업보다 높아졌을 뿐 아니라 학생들의 평가도 긍정적인 것으로 나타났습니다. 교양과목을 NeMo Class로 수강한 한 학생은 강의 시간이 되면 집안 식구가 TV 앞에 모여 함께 들은 것이 기억에 남는다고 했습니다. NeMo Class는 코로나19 때문에 잠시 주춤하고 있지만 발전 가능성이 높은 교육 방식입니다.

공부에 왕도가 없듯이 교육에도 왕도가 없는 것 같습니다. 필 번 교수가 제안한 교육 방법이 비대면 수업에서는 부분적으로 어려움이 있지만 대면 여부와 상관없이 문제점을 고민하고 해결해야 진정한 교육에 이를 것으로 생각합니다.

6

장내 세균은
건강의 열쇠

우리가 소여물만 먹고 살 수 있을까요? 없습니다. 소는 4개의 위를 포함한 긴 소화기관과 특정한 소화효소를 이용해 소여물 속 섬유질로부터 영양분을 얻어내고 있습니다. 우리는 소화기관도 짧으며 섬유질을 소화시킬 수 있는 소화효소도 없어 소여물만 먹고는 살 수 없습니다.

판다는 대나무와 죽순만 먹고 삽니다. 판다는 곰과의 동물이지만 진화를 거치며 초식동물이 되었습니다. 주위에 잡아먹을 동물이 부족해지면서 초래된 결과로 추정됩니다. 판다는 원래 초식동물이 아니었기 때문에 다른 초식동물에 비해 장의 길이가 짧으며 소화율도 턱없이 낮아서 자는 시간 외에는 틈만 나면 대나무를 먹어야 합니다. 실제로 성체 판다는 매일 30킬로그램 정도의 대나무를 먹습니다. 그럼에도 영양이 부족한 관계로 식사 시간 이외의 활동 시간을 수면으로 때우면서 에너지 소모를 줄입니다. 판다가 보여주는 또 다른 진화의 결과는 미각 유전자의 돌연변이로 고기의 맛(감칠맛)을 느끼지 못해서 고기에 관심이 없다는 것입니다. 먹이 환경이 바뀌면 아주 드물게 판다가 고기를 먹기는 하지만, 수많은 동물의 고기가 판다에게는 그림의 떡인 셈입니다.

여러분은 우유를 잘 드시나요? 우리나라 성인의 상당 수가 우유를 마시면 제대로 소화시키지 못하고 설사나 방귀, 복통 등을 일으키는 '유당불내증lactose intolerance'을 겪습니다. 농경민족의 후예인 아시아인에게 흔한 유당불내증은 우유나 유제품에 든 유당을 제대로 분해하지 못해서 나타납니다. 유당을 분해하는 '락타아제lactase'는 소장에서 분비됩니다. 유당불내증을 보이는 사람은 락타아제가 제대로 분비되지 않아 유당이 그대로 대장에 이르게 됩니다. 대장에는 유당을 분해할 수 있는 장내 세균이 있습니다. 이 세균은 유당을 분해하는 과정에서 대장의 연동 운동을 활발하게 하고 다량의 가스와 물을 생산합니다. 이것이 방귀와 설사 등의 원인이 됩니다.

유당불내증은 아기 때 분비되던 락타아제가 성장하면서 줄어들어 나타나는 것으로 자연스럽게 모유는 동생의 차지가 됩니다. 합리적인 변화인 것 같습니다. 전 세계에서 우유를 마시지 못하는 어른은 90퍼센트가 넘습니다. 한국은 성인의 75퍼센트, 일본과 싱가포르는 거의 모든 성인이 우유를 마시지 못하지만 유목민족의 후예들인 코카서스 백인들은 대부분 우유를 마실 수 있습니다. 어른이 되어서도 우유를 마실 수 있는 사람들이 살고 있는 지역은 오래전부터 목축을 해온 곳입니다. 유전학연구에 따르면 목축을 해오던 지역의 사람들은 돌연변이로 인해 성장해서도 락타아제가 계속 분비된다고 합니다. 락타아제 유전자의 돌연변이는 목축이 시작되기 이전인 신석기시대 유골에서는 발견되지 않다가 약 1만 년 전 목축을 시작한 이후에 발견됐습니다. 락타아제 유전자 돌연변이가 목축과 관련이 있음을 추측하게 하는 연구결과입니다.

최근 들어 수렵-채취인의 구석기 식단이 주목받고 있습니다. 인류가 농사를 짓기 시작한 때는 목축의 시작과 비슷한 겨우 1만 년 전이므로 우리 몸은 아직도 구석기 식단에 적합할 것이라는 추측 때문입니다. 구석기 식단에 가깝게 먹어야 비만이나 당뇨 등 현대인을 괴롭히는 성인병에서 벗어날 수 있다는 논리입니다. 구석기 식단은 대부분 고기일 것이라는 주장이 있습니다. 그 근거는 초기 인류가 살았던 곳에서 동물 뼈는 나오지만 식물의 흔적은 발견할 수 없기 때문입니다. 동물 뼈와는 달리 식물의 흔적이 수십만 년 동안 보존되기 어려울 것 같은데도 말입니다. 남성은 사냥을 하고, 여성은 채취를 하는 등 분업을 함으로써 먹을 것이 이어져 인류가 멸종하지 않았다는 주장도 있습니다. 이 주장이 맞다면 식단의 채식 비율이 높았을 것입니다. 사냥에 실패한 날은 채취한 식물을 먹었을 테니까요.

미국 오클라호마대학교의 알렉산드라 오브레곤 티토 Alexandra J. Obregon-Tito 교수 연구팀은 2015년 「네이처 커

뮤니케이션즈Nature Communications」에 구석기 식단이 현대인에게 효과가 없는 이유에 대해 보고했습니다. 연구팀은 원시 부족 중 아마존강 지역에서 수렵-채취 생활을 하는 '마티스Matses' 부족과 안데스 산맥에서 농사를 짓는 '투나푸고Tunapugo' 부족의 대변에 있는 장내 세균을 분석하여 보고했습니다. 분석 결과 두 부족 대변에서 현대인에게는 존재하지 않는 다양한 트레포네마속 균들을 발견했습니다. 특히 마티스 부족에서 발견한 트레포네마속 균은 돼지의 소화기관에 서식하는 균과 비슷하며 현대인이 소화하기 힘든 섬유성 식물 음식을 분해할 수 있는 균이었습니다. 이 결과는 요즘 주목을 받고 있는 수렵-채취인의 구석기 식단이 현대인에게는 효과가 없을 가능성을 암시합니다. 현대인이 수렵-채취인의 장내 세균을 가지고 있지 않다면 구석기 식단을 소화시킬 수 없기 때문입니다.

히포크라테스는 이미 기원전 400년경에 모든 질병은 장에서 시작된다며 장 건강의 중요성을 강조했습니다. 최근에는 장내 세균이 '세컨드 게놈second genome'이라 불리는 등 연구자들의 관심 주제가 되고 있습니다.

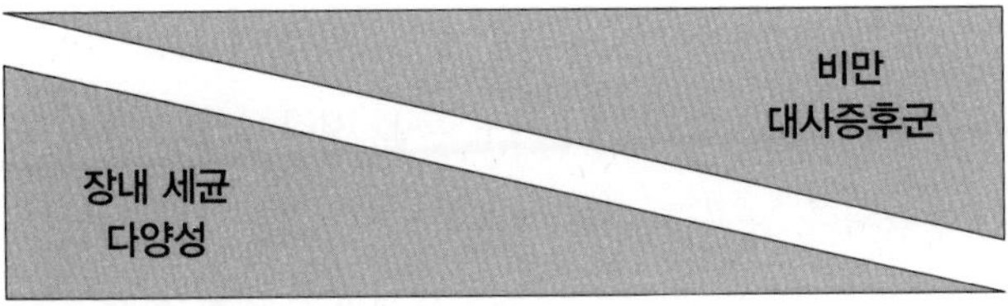

그림 2. 비만과 장내 세균 다양성의 관계

　'대변 이식술fecal microbiota transplantation'에 대해 들어보
셨나요? 대변 이식술은 건강한 사람의 대변 속 세균을 추
출해 환자의 대장에 넣어 장내 세균의 균형을 맞추어주
는 치료법입니다. 운동을 하면 장내 세균이 다양해지면서
몸 전체가 건강해진다고 알려져 있습니다. 편식을 하지
않고 음식을 골고루 먹어도 마찬가지입니다. 그림 2에서
보듯이 운동 부족으로 인한 대사증후군의 경우 장내 세
균의 다양성이 줄어듭니다. 운동이나 식습관 개선은 멀리
하고 대변 이식에만 관심을 둘 것 같아서 걱정이 앞섭니
다만, 현재 대변 이식술은 일정한 감염병에 국한해서 시
행되고 있습니다. 하지만 앞으로는 다양한 질환을 대상으
로 발전할 것입니다. 현재 임상연구 단계에 들어가 있는
질환으로는 궤양성대장염, 과민성대장증후군 등을 비롯하

여 비만, 당뇨병, 치매, 자폐증, 파킨슨병 등이 있습니다.

아무리 좋은 말을 해주어도 들을 생각이 없으면 무용지물입니다. 교육을 하다 보면 자주 느끼는 상황입니다. 무엇보다 받으려는 생각이 중요하겠지요. 다른 회사 리모컨으로 전자기기를 조종할 수 없듯이 말입니다. 소여물이나 우유 모두 소화시킬 여건이 되어 있지 않으면 음식으로서 의미가 없습니다. 만일 구석기 식단을 원하신다면 마티스 부족의 대변 이식을 받으셔야 할 것입니다.

7

운동은 천연의 진통제

근육통은 운동한 날보다 그다음 날에 더 심해집니다. 근육통은 운동 후 12~24시간에 근육에 알이 배긴 것 같은 형태로 시작되며 1~3일에 정점을 보이다가 7일 정도 되면 사라집니다. 예전에는 근육통이 운동 후에 생기는 젖산 등에 의해 유발된다고 알려져 있었으나, 최근의 연구에서 근육의 미세한 손상에 의해 근육통이 유발된다고 밝혀지고 있습니다. 근육의 손상 이후에 유발되는 이차성 염증도 통증 유발에 큰 역할을 합니다. 이유가 어떻든 이 통증은 일정 시간이 지나고 나서 나타나기에 '지연성 근육통delayed onset muscle soreness'이라고 부릅니다.

　투수들이 투구를 마친 뒤, 어깨에 얼음찜질을 하는 이유는 염증을 완화시키기 위해서입니다. 염증은 손상된 조직을 치유하기 위해 일어나는 방어 반응으로 충혈, 부종, 발열, 통증을 동반합니다. 염증이 세균에 의해서만 생긴다고 알고 있다면 오산입니다. 원인이 무엇이든 조직이 손상되면 염증 반응이 일어납니다. 투구를 한 뒤 투수의 어깨에 유발되는 염증은 세균 없이 조직의 손상만으로 유발됩니다. 염증 반응은 세균을 제거하거나 손상된 조직을 재생시키는 것과 관련이 있으므로 긍정적인 면이 있습니다. 그러나 염증 반응이 심하면 참기 힘든 통증이 동반되고 염증 자체에 의해 정상 조직이 손상될 수 있으므로 완화시켜야 합니다. 의사의 관절염 처방에 소염제가 들어 있고 투수가 투구 후 얼음찜질을 하는 이유입니다.

　운동에 의해 근육통이 생기는 것은 경험적으로 잘 알고 있지만, 운동에 의해 만성 통증이 치료된다는 사실은 생소할 것입니다. 운동은 뇌, 근육, 면역계 등 여러 경로를 통해 만성 통증을 완화시킵니다. 운동 후 뇌에서 분비되는 엔도르핀과 같은 내재성 아편은 통증을 완화시킵니다. 그러나 엔도르핀을 차단해도 운동의 진통 효과가 완전히 사라지지 않는 것으로 보아 다른 작용이 개입할 가능성을 추측할 수 있습니다. 차단제를 이용해 작용 기전을 밝히는 것은 일반화된 연구기법입니다. 엔도르핀을 차단한 후 남겨진 운동의 진통 효과는 세로토닌을 차단해 상당 부분 없앨 수 있었습니다. 이를 통해 운동을 하면 뇌에서 엔도르핀과 세로토닌이 분비되어 만성 통증이 완화됨을 알 수 있습니다.

운동의 진통작용에 관여하는 또 다른 장기는 근육입니다. 예전에는 근육이 수축과 이완을 통해 몸을 움직여주는 장기로만 알고 있었습니다. 그러나 '마이오카인 myokines'이라는 호르몬군이 근육에서 분비된다는 사실이 밝혀지면서 근육의 중요성이 새롭게 주목받기 시작했습니다. 운동을 하면 마이오카인이 분비되어 암이나 당뇨병을 예방하고 뇌를 자극해 인지 기능이 개선되는 등 성인병을 예방하는 효과를 나타냅니다. 당연히 운동을 게을리하거나 대사가 원활하지 않은 골격근에서는 마이오카인이 잘 분비되지 않습니다. 마이오카인 중 처음으로 밝혀진 것은 항염증작용을 하는 '인터루킨-6interleukin-6'입니다. 운동을 하면 인터루킨-6가 분비되어 혈중 농도가 100배까지 증가하며, 자연히 염증이 억제됩니다. 대부분의 만성 통증이 염증 반응과 관련이 깊으므로 염증을 억제하는 인터루킨-6는 만성 통증을 완화시킬 수 있습니다. 전문가가 아니더라도 소염진통제라는 약제가 있다는 것을 보면 염증과 통증이 관련되어 있음을 알 수 있습니다.

운동에 의해 통증 완화 물질인 인터루킨-6와 엔도르핀이 분비된다는 것을 알았습니다. 이 중 어느 것의 작용이 낫다고 생각하시는지요? 엔도르핀은 통증을 완화시키는 대증요법 물질이고 인터루킨-6는 염증을 억제시키는 병인 치료 물질입니다. 사회적으로 문제가 발생했을 때 현상만을 땜질하듯이 처리하면 재발할 가능성이 높지만 문제의 원인을 찾아 제거하면 재발의 여지가 줄어들 것입니다. 이 논리대로라면 골격근에서 분비한 인터루킨-6가 뇌에서 분비한 엔도르핀보다 나아 보입니다.

미국 아이오와대학교의 캐슬린 슬루카Kathleen A. Sluka

교수 연구팀은 2019년 「통증Pain」에 면역계와 관련된 운동의 진통작용에 대해 발표했습니다. 연구결과에 따르면 운동을 하지 않는 사람의 경우 백혈구 중 하나인 대식세포의 형태가 염증성의 M1 type이며 이것이 염증성 물질을 분비합니다. 반면 운동을 지속적으로 하면 대식세포의 형태가 항염증성의 M2 type으로 바뀌며 염증을 억제하는 물질을 분비합니다. 운동이 대식세포를 항염증 형태로 바꾸어 통증을 완화시킬 수 있는 것입니다.

우리 몸에 있는 장기 중 우리 마음대로 조종할 수 있는 것이 있나요? 심장을 내 마음대로 조종할 수 있다면 언제라도 박동을 멈추게 할 수 있으니 자살은 식은 죽 먹기일 것입니다. 위나 소장을 내 마음대로 조종할 수 있다면 식사량을 마음대로 늘릴 수 있겠지요. 실제로 우리가 마음대로 조종할 수 있는 장기는 없습니다. 다만 하나의 예외가 있습니다. 골격근입니다. 내 몸에 있는 수많은 장기 중 골격근을 제외하면 어느 것도 내 뜻대로 되는 게 없습니다. 주위에 있는 사람이 내 마음에 들지 않는다고 너무 실망하지 마십시오. 저는 부모님들께 이렇게 말씀드립니다. 자식이 마음에 들지 않는다고 너무 뭐라고 하지 마십시오. 내 몸속의 장기도 이 모양이니 남이야 오죽하겠습니까? 더 슬픈 것은 골격근마저 녹록지 않다는 것입니다. 골격근이 100퍼센트 내 마음대로 조종된다면 모든 골퍼들은 칠 때마다 홀인원을 기록할 것입니다. 경기 때마다 우리를 흥분시키는 손흥민 선수는 90분간 수많은 골을 넣겠지요. 단, 골키퍼도 골격근을 마음대로 조종해 잘 막을 것이니 경기 결과는 지켜봐야 할 것입니다.

내 몸속이건 내 몸 밖이건 내 마음대로 되는 것은 없어 보입니다. 욕심을 내려놓아야 할 것 같습니다. 동물에게 주어진 혜택인, 그리고 그나마 내 편으로 보이는 골격근으로 꾸준히 운동해 건강부터 챙기시지요.

8

적혈구가 골수로
숨은 이유

갈비찜을 먹을 때 뼈 속을 빨아 먹은 적이 있으신가요? 경험해본 분은 그 기막힌 맛을 기억할 것입니다. 동물의 뼈를 주식으로 하는 동물이 있습니다. 중국과 몽골 쪽에 서식하는 수염수리는 작은 뼈를 통째로 삼킨 뒤 강력한 위산으로 소화시킵니다. 큰 뼈는 공중으로 물고 올라가 높은 곳에서 바위에 떨어뜨려 먹기 좋은 크기로 부순 다음 먹습니다. 뼈에는 영양분이 별로 없을 것 같은데 왜 그렇게까지 하면서 먹으려고 하는지 궁금하시지요? 수염수리가 노리는 것은 뼈 속에 있는 골수입니다. 수염수리는 날개를 펼치면 길이가 3미터나 되는 큰 새이지만 뼈로만 배를 채워도 얼마든지 살아갈 수 있습니다. 골수에는 영양분이 가득하기 때문입니다.

사자는 하이에나와 경쟁 관계이지만 자기들이 사냥한 먹이를 노리는 하이에나에게 넘겨주는 부위가 있습니다. 사냥한 짐승의 뼈입니다. 특히 물소나 코끼리 등 큰 짐승의 뼈는 하이에나에게 넘겨줄 수밖에 없습니다. 사자는 큰 뼈를 먹지 못하기 때문입니다. 아프리카에 사는 어느 동물도 큰 뼈는 먹지 못합니다. 반면 하이에나는 엄청난 이빨과 턱을 이용해 굵은 뼈를 이로 부수고 안에 들어 있는 골수를 뼈와 함께 먹어 치웁니다.

골수에서는 혈구가 만들어집니다. 적혈구의 수명은 동물의 종에 따라 다르지만 인간의 경우 120일 정도로 전체 적혈구의 1퍼센트 정도가 매일 새로 만들어집니다. 골수는 엄청난 세포분열이 끊임없이 일어나고 있는 곳입니다. 따라서 골수에 다량의 영양분이 밀집되어 있을 수밖에 없습니다. 수염수리와 하이에나가 골수에 집착하는 이유입니다.

미국 하버드대학교의 레너드 존Leonard I. Zon 교수 연구팀은 2018년 「네이처Nature」에 어류인 지브라피쉬는 혈구의 줄기세포인 조혈모세포가 신장에 있으며 파라솔 형태의 멜라닌세포가 그 위를 덮고 있다고 보고했습니다. 이 연구팀은 파라솔 형태의 멜라닌세포가 '자외선UV'으로부터 조혈모세포를 보호한다는 사실을 확인한 후, 다른 어류에서도 멜라닌세포가 신장의 조혈모세포를 보호한다는 사실을 추가로 확인했습니다. 양서류인 독화살개구리의 경우, 올챙이일 때는 어류처럼 신장에 있던 조혈모세포가 개구리가 되어 육지로 올라갈 때쯤 되면 골수로 이동합니다. 뼈 속으로 숨은 것입니다.

자외선은 매우 강한 에너지를 가지고 있어서 돌연변이를 통해 암을 유발할 수 있습니다. 따라서 농부나 선원 등 자외선에 많이 노출되는 직업을 가진 사람들은 피부암에 잘 걸립니다. 자외선은 파장에 따라 UVA(315~400나노미터nm), UVB(280~315나노미터), UVC(100~280나노미터) 영역으로 구분할 수 있습니다. 광자의 에너지는 파장에 반비례하므로 UVA → UVB → UVC의 순서로 강합니다.

광자의 에너지가 강한 UVB나 UVC는 DNA의 이중나선 구조 사이에 형성된 분자 결합을 끊고 DNA를 변형시켜서 세포분열에 문제를 일으킵니다. 이런 손상이 누적되면 결국은 세포가 죽거나 돌연변이 혹은 암이 발생할 확률이 높아집니다. UVB는 기저세포암과 편평상피세포암을 잘 유발한다고 알려져 있으며 이 두 가지 암은 전체 피부암의 80퍼센트를 차지합니다. UVB보다 치명적인 UVC는 대부분 오존층에서 차단되어 지표까지 도달하는 일이 드물지만, 오존층이 파괴되면 이야기는 달라집니다. 최근 들어 악성 흑색종이 늘어나는 이유가 오존층의 파괴 때문이라고 추정하고 있습니다.

이 모든 피부암은 피부세포가 왕성하게 세포분열을 하기에 가능한 일입니다. 세포분열이 왕성한 조혈모세포가 단단한 뼈 속으로 들어가 자외선을 피하는 이유를 짐작할 수 있습니다. 물의 혼탁한 정도에 따라 차이가 나기는 하지만 공기보다 물에서 자외선이 잘 차단됩니다. 따라서 물속에 사는 물고기와 올챙이의 조혈모세포는 파라솔 형태의 멜라닌세포 정도로 자외선을 피할 수 있지만,

땅에 사는 개구리의 조혈모세포는 자외선을 피하기 위해 좀 더 안전한 곳을 찾아야 했을 것입니다. 육상동물의 모든 조혈모세포가 뼈 속에 있는 골수에 깊숙하게 숨어버린 이유를 납득할 수 있을 것 같습니다.

의학이나 생명과학 전공 학생들이 혈액 관련 내용을 배우면서 궁금해하는 부분이 하나 있습니다. '적혈구생성인자erythropoietin'가 왜 신장에서 분비되느냐는 것입니다. 적혈구생성인자는 조혈모세포에 작용해 적혈구 생성에 관여합니다. 고원지대에 사는 사람이나 호흡기질환을 앓고 있는 환자는 적혈구생성인자의 분비가 촉진되어 적혈구 수가 늘어납니다. 적혈구를 증가시켜 산소의 부족을 보충하려는 것입니다. 그런데 왜 적혈구나 산소와는 직접적인 관련이 없어 보이는 신장에서 적혈구생성인자를 생성할까요? 학생 때는 그냥 외웠지만 물고기의 조혈모세포가 신장에 있다는 것을 보니 그 이유를 조금은 이해할 수 있을 듯합니다.

미국 시카고대학교의 닐 슈빈Neil Shubin 교수가 쓴 『내 안의 물고기Your Inner Fish』라는 책이 있습니다. 슈빈 교수는 이 책에서 고생물학과 유전학 등을 통해 보면 우리의 몸이 어류, 파충류 등의 해부 구조와 너무도 비슷하다고 했습니다. 심지어 인간은 업그레이드된 물고기라고 표현했으며, 우리가 딸꾹질, 탈장, 수면 무호흡 등을 겪는 이유가 인간이 물고기의 신체 구조를 수정해 사용하고 있기 때문이라고 했습니다. 아직도 우리의 몸에서 고생물학적으로 밝혀야 할 부분이 많이 남아 있지만 적혈구생성인자가 신장에서 생성되는 이유도 하나 더 추가해야 할 듯합니다.

피부는 햇빛에 노출되면 검게 탑니다. 자외선이 피부 깊이 침투하는 것을 막기 위해 멜라닌을 활성화시킨 결과입니다. 멜라닌의 검은색은 자외선을 흡수해 피부암을 방지합니다. 그 속셈은 물고기의 신장 위에 있는 파라솔 모양의 멜라닌세포와 다르게 보이지 않습니다.

9

왜 여성의 쇼핑 시간은 길까?

인간은 몸에 비해 큰 머리를 갖고 있습니다. 머리가 크면 뛰어난 지능을 보이지만 넘어지기 쉬우며 태아의 큰 머리 때문에 분만에 어려움을 겪을 수 있습니다. 그나마 태아의 머리가 더 커지기 전인 40주에 분만해 다행입니다. 우리의 아기들이 사슴이나 얼룩말의 새끼처럼 태어나자마자 어미를 따라 뛰거나 사자나 치타의 새끼처럼 태어난 뒤 얼마 지나지 않아서 걸으려면 산모의 임신 기간이 40주가 아닌 100주는 넘어야 할 것입니다. 임신 기간이 100주라면 머리의 크기가 엄청나게 커지고 머리뼈가 단단해져서 분만은 훨씬 더 어려워질 것입니다. 인간의 임신 기간이 40주로 맞춰진 이유가 머리의 크기 때문임을 짐작할 수 있습니다. 아기가 태어나서 1년 가까이 제대로 서지도 못하고 누워서 버둥거리기만 한다는 것은 야생에서는 위험천만한 상황입니다. 하지만 산모가 아기를 제대로 낳으려면 임신 기간을 40주보다 훌쩍 넘길 수 없었을 것입니다.

머리가 크고 좋은 아기를 낳기 위해 여성의 골반도 커졌습니다. 좁은 어깨와 큰 골반의 S 라인은 여성들이 바라는 체형입니다. 여성의 좁은 어깨에서 내려오는 팔은 골반 부위에 이르러 밖으로 휘게 됩니다. 반면 남성은 어깨가 넓고 상대적으로 골반이 좁아 팔이 일직선으로 떨어집니다. 칼이나 창 등을 이용해 사냥을 할 때 여성의 휘어진 팔은 남성의 쭉 뻗은 팔보다 불리합니다. 골반이 커서 무게 중심이 낮으면 빨리 달리지 못하는 것도 사냥에 불리합니다.

이 일련의 차이는 사회 현상에도 큰 변화를 일으켰습니다. 남자는 사냥에 전념하고 여자는 집 주위에 있는 과일, 나물, 버섯을 채취하는 등 남자와 여자가 분업을 하게 된 것입니다. 설문조사 결과 남자 대학생들이 가장 갖고 싶은 물건 중 첫 번째는 자동차이며, 여자 대학생들이 선호하는 물건은 핸드백이었습니다. 남자의 사냥에 대한 유전 본능이 운송 기구인 자동차로 나타났고, 여자의 채취에 대한 유전 본능이 과일이나 채소를 담을 수 있는 핸드백으로 표현됐으리라 추측됩니다.

물건을 구매할 때도 남녀가 차이를 보입니다. 여자들이 물건을 살 때는 대부분 오래 걸립니다. 한참을 고르지만 산다는 보장은 없습니다. 다른 곳에 가서도 물건을 봐야 하기 때문입니다. 만약 샀더라도 그것이 끝이 아닙니다. 다음 날 무를지 모르기 때문입니다. 여자들이 채취를 할 때는 과일, 나물, 버섯 등이 익어서 맛과 영양이 충분한지와 벌레 먹은 것은 없는지 확인해야 합니다. 독나물이나 독버섯처럼 위험한 성분이 들어 있는지도 살펴야 하므로 채취가 오래 걸릴 수밖에 없습니다. 여성들이 구매할 물건을 고를 때와 채취를 할 때의 행동이 너무도 유사합니다. 반면 남자가 물건을 고를 때는 비교적 빠른 속도로 결정합니다. 쭉 훑어보고 삽시간에 구매합니다. 여자들이 보기에는 남자들의 구매 형태가 경솔하다고 생각할지 모릅니다. 남자들이 사냥하는 동물은 종류에 상관없이 움직이면 먹어도 됩니다. 빨리 움직이는 동물일수록 건강해 고기의 맛과 질이 좋습니다. 당연히 독도 없습니다. 사냥감은 과일이나 나물처럼 제자리에 머물러 있지 않기에 사냥 여부를 빨리 결정해야 합니다. 남성들이 물건을 구매하는 성향은 사냥의 유전 본능에서 온 듯합니다. 남녀가 이 내용을 잘 이해하면 장 보러 가서 서로 다투는 일이 줄어들지 않을까요?

여성이 남성에 비해 불완전한 존재로 평가받던 시절이 있었습니다. 거기에는 시각이나 후각 등 감각 기능도 포함됩니다. 그러나 연구를 통해 남녀의 감각 기능에 우열이 있는 게 아니라 서로 다르다는 것이 밝혀지고 있습니다. 색에 대한 감각은 망막에 있는 원뿔세포에 의해 결정됩니다. 사람의 시각 시스템은 세 종류의 원뿔세포로 되어 있으며 빛의 삼원색인 빨간색, 초록색, 파란색에 각각 반응합니다. 하지만 모든 사람이 세 종류의 원뿔세포를 갖고 있지는 않습니다. 드물지만 두 종류의 원뿔세포를 가진 사람이 있습니다. 대표적인 예가 색맹입니다. 색맹 가운데 가장 빈도가 높은 것은 적록색맹입니다. 적록색맹은 빨간색과 초록색을 구별하지 못하는 것으로 남자는 10퍼센트지만 여자는 1퍼센트에서만 나타납니다. 적록색맹이 남자에서 더 많이 나타나는 이유는 색맹 유전자가 X염색체에 있기 때문입니다. 여성이 색맹이 되려면 X염색체 2개가 모두 열성 유전자를 가져야 합니다. 하나라도 우성 유전자가 있다면 정상입니다. 반면 남성은 X염색체를 하나만 가지고 있기에 어머니에게서 받은 X염색체가 열성 유전자이면 바로 색맹이 됩니다. 확률적으로 X염색체를 하나만 가진 남성에서 색맹이 더 많이 나오는 이유입니다. 붉게 익은 열매를 채취해왔던 여성에서 적록색맹이 드물다는 것은 천만다행입니다. 적록색맹인 여성은 나뭇잎 속에서 붉은 열매를 구별하지 못하기 때문입니다.

더욱이 흥미롭게도 여성 중에는 원뿔세포가 네 종류인 슈퍼 색각을 가진 사람이 종종 있습니다. 슈퍼 색각을 가진 여성은 보통 여성들이 구별하지 못하는 색을 정밀

하게 가려낼 수 있어서 열매의 익은 정도를 좀 더 정확하게 알 수 있습니다. 열매를 먹고 사는 원숭이나 유인원 등의 영장류에서 색맹이 아주 드물며, 열매가 주식인 조류의 상당수가 네 종류의 원뿔세포를 갖고 있다는 것은 의미하는 바가 큽니다. 미국 뉴욕 시립대학교의 이스라엘 아브라모브Israel Abramov 교수 연구팀은 2012년 「성 차이 생물학Biology of Sex Differences」에 남성과 여성의 시각 차이를 보고했습니다. 연구결과에 따르면 여성은 색감을 구분하는 능력이 좋은 반면, 남성은 물체의 작은 부분을 구분하는 능력과 빠른 움직임을 감지하는 능력이 뛰어난 것으로 나타났습니다. 빨리 바뀌는 화면을 보여준 결과, 남성이 여성보다 변화를 더 잘 감지한 것입니다. 이 능력은 전통적으로 사냥꾼이었던 남성에게 유리하게 작용했을 것입니다.

수렵 시대 가설은 학자들 사이에서 관심의 대상입니다. 수렵 시대 가설이란 동물을 사냥했던 남성들은 움직임에 민감하게 진화한 반면, 열매나 나물을 주로 채취했던 여성들은 색감을 포함해 물체의 세밀한 부분을 인식하는 능력이 발달했다는 이론입니다. 남녀의 시각 차이가 진화의 산물인지는 알 수 없으나 현대인은 모든 먹거리를 시장에서 구하고 있으니 시간이 흐를수록 수렵-채취의 흔적은 점점 희석되어 희미해질 것입니다.

10

면역이 강하면
병이 된다

슈퍼푸드는 미국 식품영양학 권위자인 스티븐 프랫 Steven Pratt 박사가 처음 언급한 말입니다. 프랫 박사는 슈퍼푸드가 당신의 인생을 바꿔줄 열네 가지 음식이라고 주장했습니다. 「타임」은 이 중 열 가지를 선정해 세계 10대 슈퍼푸드로 소개했습니다. 마늘, 녹차, 연어, 블루베리, 토마토, 귀리, 브로콜리, 아몬드, 적포도주, 시금치가 여기에 속합니다. 슈퍼푸드의 조건은 각종 영양소가 풍부하고 콜레스테롤이 적은 식품, 항산화작용을 하는 식품, 노화를 억제하고 면역력을 강화하는 식품입니다. 제시한 모든 식품이 우리를 건강하게 해줄 것으로 보이는데, 면역을 강화시키는 게 반드시 좋기만 한지는 의문입니다.

면역은 군대와도 같습니다. 적군을 물리칠 때는 군대가 강할수록 좋지만, 자칫 강한 군대가 자국민에게 총칼을 겨눌 수도 있다는 것이 역사가 우리에게 가르쳐준 교훈입니다. 면역 시스템의 주요 기능은 '자기self'와 '비자기non-self'를 구별하는 것부터 시작됩니다. 면역 시스템이 자기 세포를 침입자의 세포로 오인해 공격하는 질환을 자가면역질환이라고 합니다. 면역의 오류입니다. 자가면역질환에 대한 병리 기전이 아직 정확하게 밝혀지지 않았지만, 자신의 물질이 외부 물질과 유사해 항체의 공격을 받기 때문인 것으로 추정하고 있습니다. 하지만 류마티스관절염, 건선피부염 등의 자가면역질환이 면역억제제로 치료되는 것을 보면 기본적으로 면역 강화가 원인임을 알 수 있습니다.

면역 오류에는 알레르기도 포함됩니다. 알레르기는 과민 반응이라는 뜻으로 1906년 오스트리아 소아청소년과 의사인 클레멘스 폰 피르케Clemens von Pirquet 박사가 처음

명명했습니다. 피르케 박사는 보통 사람에게는 별 영향이 없는 꽃가루, 먼지, 특정 음식 등에 대해 두드러기, 가려움, 콧물 등 과민 반응을 보이는 환자들을 보고 알레르기를 소개했습니다. 알레르기가 심한 경우에는 아나필락시스처럼 호염기구와 비만세포에서 히스타민, 프로스타글란딘 등이 과량 분비되어 전신에 부종을 일으킵니다. 부종이 기관지에서 나타나면 호흡 곤란으로, 혈관에서 나타나면 저혈압으로 인한 쇼크 등으로 발전해 생명을 위협하기도 합니다. 알레르기의 모든 증상이 항히스타민이나 면역억제제로 완화되는 것을 보면 이 또한 면역 강화가 원인임을 알 수 있습니다.

최근 들어 폭발적으로 증가하고 있는 아토피도 알레르기성 질환입니다. 선진국에서는 지난 30년 동안 아토피 피부염이 3배 이상 증가했으며, 우리나라에서는 불과 20~30년 전만 해도 아토피라는 단어를 잘 몰랐습니다. 지금도 위생이 철저하게 관리되는 선진국에서는 아토피 환자가 차고 넘치지만 후진국에서는 찾아보기가 어렵습니다. 아토피를 위생 가설로 설명하려는 학자가 많은 이유입니다. 여기에는 기생충 감염도 한 몫을 합니다. 기생충이 박멸되다시피 한 나라에서는 아토피 환자가 많은 반면 기생충이 많은 나라에서는 아토피 환자가 아주 드뭅니다. 아마도 오래전부터 기생충에 익숙한 면역 시스템이 기생충의 박멸로 인해 공격할 대상을 잃고 자기 세포를 공격하는 면역 오류가 아토피인 것으로 보입니다. 이에 착안해 아토피 환자에게 기생충 알을 넣은 캡슐을 먹이거나 기생충의 항원을 투여하는 치료가 긍정적인 효과를 얻었다고 합니다. 여러분이라면 기생충 치료를 받으시겠습니까? 현재 아토피 피부염에 가장 많이 쓰이는 약제는 면역억제제인 글루코코르티코이드 일명 스테로이드입니다.

　코로나19가 유행하면서 사이토카인 폭풍으로 목숨을 위협받는 환자가 증가했습니다. 사이토카인은 바이러스 등 외부 항원에 대항해 면역세포 등에서 분비하는 작은 크기의 단백질로 면역작용과 세포조절작용에 중요한 역할을 합니다. 그런데 가끔 원하지 않는 상황이 벌어지기도 합니다. 사이토카인이 과다 분비되면 침입한 바이러스를 모두 죽이고도 사이토카인이 남아 정상적인 자기의 세포를 공격합니다. 일종의 면역 과잉입니다. 사이토카인의 공격을 받은 세포는 DNA가 변형되며 빠른 시간 내에 많은 장기가 망가지면서 다발성 장기 손상으로 이어집니다. 더구나 현재 마땅한 치료법이 개발되지 않아 순식간에 치명적인 상황이 되기도 합니다. 사이토카인 폭풍이 빈발하는 연령대는 기저질환이 있는 노년층이 아니라, 면역 기능이 왕성한 젊은 층입니다. 과거에 유행했던 사스와 메르스도 사이토카인 폭풍을 일으켜 젊은 층의 치사율을 높인 바 있습니다. 최근 들어 미국 기업인 '사이토소벤츠CytoSorbents'에서 사이토카인만을 제거할 수 있는 특수 필터를 개발해 주목을 끌고 있습니다. '사이토소브CytoSorb'라는 이 필터는 혈액을 걸러 과도하게 분비된 사이토카인을 제거함으로써 환자를 사이토카인 폭풍에서 벗어나게 했습니다.

패혈증은 세균감염에 의해 발생하는 전신적 염증 반응입니다. 고령층의 폐렴이나 복막염 등이 패혈증의 주요 원인입니다. 여름철에 오염된 해산물을 먹고 비브리오패혈증으로 고생하는 사례도 흔히 있는 일입니다. 큰 외상을 당했을 때 치명적인 상황으로 발전하는 원인 중 하나가 패혈증이기도 합니다. 상처를 소독하지 않고 방치하면 세균이 침투하기 좋기 때문입니다. 실제로 중환자실 환자의 상당수는 패혈증을 앓고 있거나 발병 가능성이 높습니다. 패혈증의 주 증상은 심각한 장기 손상과 패혈성 쇼크입니다. 패혈증의 치료는 광범위한 항생제가 우선이지만 패혈성 쇼크는 면역억제제 투여로 치료합니다.

면역이 강하다고 무조건 좋지만은 않습니다. 에이즈 등 면역이 약해지는 것도 심각한 증상을 초래하지만 수많은 질환이나 증상이 면역이 강화되어 나타납니다. 기본적으로 면역의 강약보다는 면역을 정상화시키는 것이 중요합니다. 슈퍼푸드의 조건이 면역력을 강화하는 식품이 아니라 면역을 정상화시키는 식품이었으면 합니다.

11

정자도 가진 협력 본능

새끼 새가 어미에게 먹이를 달라고 우는 것은 위험한 행동입니다. 포식자에게 발각되어 모두 잡혀 먹힐지 모르기 때문입니다. 울면 들킬지 모른다는 사실을 어미와 새끼 모두 본능적으로 압니다. 그러니 새끼는 도박을 하는 셈입니다. 굶어 죽으나 잡아먹히나 마찬가지라고 생각하나 봅니다. 어미 새는 모두 살기 위해 어떻게 해서든 새끼에게 먹이를 줘야 합니다. 새끼 새가 감행한 벼랑 외교가 통했습니다. 자식을 이기는 부모는 없나 봅니다.

미국 하버드대학교의 데이비드 헤이그David Haig 교수는

2014년 「진화, 의학, 공중위생Evolution, Medicine, and Public Health」에 아기가 자다가 젖을 달라고 우는 것은 동생이 태어나는 것을 막으려는 속셈에서 나온 행동이라고 주장했습니다. 이 추론은 아기가 젖을 빨면 배란이 억제되어 자연적으로 피임이 된다는 점에 근거한 것입니다. 동생이 늦게 생길수록 부모의 육아 에너지가 분산되지 않으니 아기는 유리합니다. 하지만 엄마는 다음 아기도 염두에 두고 있지요.

아기 유전자의 반은 엄마 쪽이지만 나머지 반은 아빠 쪽입니다. 임신 중에 아빠 쪽 유전자는 태아를 크고 튼튼하게 키우려고 하지만 엄마 쪽 유전자는 생각이 다릅니다. 분만을 감안하면 태아가 마냥 크도록 놔둘 수가 없습니다. 부모의 의견 대립은 이것 하나에 그치지 않습니다. 서로 남이니까 당연하다고도 볼 수 있습니다. 아기도 엄연히 남입니다. 아기 생각이 아빠, 엄마와 같다는 것은 착각입니다.

어쨌든 헤이그 교수가 주장한 아기가 울어서 동생의 탄생을 막는다는 추론은 엄마가 아기에게 모유가 아닌

분유를 먹이는 순간 물거품이 됩니다. 아기가 잘 자던 엄마를 깨워 임신할 가능성만 높이는 것은 아닌가 걱정이 됩니다. 아기들이 우는 이유가 '벼랑 외교'와 '동생 거부' 중 어느 쪽과 더 관련이 깊을까요? 답이 무엇이든 이야기에 등장한 새끼 새, 어미 새, 엄마, 아기 모두 자기 생각이 뚜렷하다는 것만은 틀림없어 보입니다.

하이에나는 한배에 2마리의 새끼를 낳습니다. 새끼들은 태어난 지 얼마 지나지 않아 젖을 두고 싸우기 시작합니다. 서열을 정하고 경쟁자를 조기에 제거하려는 본능 때문입니다. 약한 새끼는 견제에 밀려 제대로 젖을 먹지도 못합니다. 같은 성이면 더욱 격렬하게 싸워 약한 새끼가 죽는 일이 허다합니다. 어미는 젖의 양이 한정되어 있어서 강한 새끼만을 키우겠다는 속셈으로 싸움을 방치합니다. 등장하는 동물이 셋입니다. 어미와 새끼 2마리, 이 중 누가 승자라고 생각하시나요? 승자가 누구든 틀림없는 사실은 이기적이지 않은 놈이 없다는 것입니다.

고릴라는 수컷 한 마리가 여러 암컷을 거느리는 하렘을 이루고 삽니다. 고릴라의 하렘은 3~6마리의 암컷으로 구성됩니다. 암컷 고릴라의 경우 새끼를 낳은 후 수년 동안 짝짓기를 하지 않으며 오랜만에 발정기가 와도 기간이 아주 짧습니다. 따라서 수컷 고릴라는 우두머리라도 짝짓기를 자주 하지 못합니다. 이에 비해 침팬지는 난교를 합니다. 암컷은 발정기가 되면 여러 마리의 수컷과 연달아 짝짓기를 합니다. 암컷 침팬지의 몸에 있는 여러 수컷의 정자는 너도나도 난자를 수정시키려고 경쟁할 것입니다. 정자가 많은 침팬지일수록 임신시킬 수 있는 확률이 높겠지요.

유인원의 짝짓기 형태는 고환의 크기와 직접적인 연관이 있습니다. 짝짓기를 자주 하는 종일수록 큰 고환을 가지며, 여러 마리의 수컷이 여러 마리의 암컷과 짝짓기를 하는 종일수록 고환이 큽니다. 따라서 몸집은 작지만 난교를 하는 침팬지의 고환은 매우 크며 몸집은 크지만 하렘을 이루며 사는 고릴라의 고환은 아주 작습니다. 짝짓기를 즐기지만 결혼 제도로 묶여 있는 인간의 고환은 중간 크기입니다. 고환의 크기마저 유전자의 의도대로 결정되니 놀라울 따름입니다.

난자가 배란되려면 엄청난 경쟁을 뚫어야 합니다. 임신 5개월이 된 여아의 난자줄기세포는 700만 개 정도인데 출생 시에는 200만 개로 줄고 사춘기에는 40만 개만 남습니다. 나머지는 모두 퇴화됩니다. 현대 여성이 평생 배란하는 난자의 개수는 400개 정도입니다. 임신이 잦았던 옛 조상들은 400개보다도 훨씬 적은 난자를 배란했을 것입니다. 임신과 수유를 하는 동안에는 배란을 하지 않기 때문입니다. 영양이 좋지 않아서 초경이 늦고 폐경까지 빨랐다면 더 적었겠지요. 배란이 된다고 모두 임신이 되는 것이 아니니 요즘처럼 자식을 하나만 낳는다면 700만 개의 난자 중 딱 하나의 난자만 목표를 달성합니다. 엄청난 경쟁률입니다.

정자의 수정 확률은 난자와 비교 자체가 되지 않습니다. 건강한 남성의 정액 1밀리리터당 정자 수는 약 7,000만 개입니다. 보통 1회 사정에 3밀리리터의 정액을 내보내므로 정자 수가 2억 개를 훌쩍 넘습니다. 수많은 사정으로 배출된 엄청난 수의 정자 중 하나가 수정되는 것을 감안하면 정자의 수정 확률을 계산하는 것은 불가능할 정도입니다. 자식이 하나라면 정자의 수정 확률이 수백억분의 1은 넘겠지요.

일부 동물의 정자는 수정 확률을 높이기 위해 특단의 조치를 취했습니다. 영국 셰필드대학교의 사이먼 이믈러 Simone Immler 교수 연구팀은 2007년 미국 공공과학도서관 학술지 「플로스 원PLoS One」에 설치류 정자의 머리가 갈고리 모양으로 생긴 이유에 대해 보고했습니다. 일반적으로 포유동물의 정자들은 헤엄치기 편리하도록 머리 부분이 노처럼 생겼습니다. 반면 일부 설치류의 정자는 머리가 갈고리 모양으로 생겼습니다. 이를 이용해 다음 페이지 그림 3에서처럼 몇 개의 정자가 서로 팀을 이룬 후 함께 꼬리 짓으로 난자에 빨리 접근할 수 있습니다. 난자 앞에 도착한 후에는 협력했던 정자들과 어쩔 수 없이 경쟁을 해야겠지요. 하지만 경쟁률은 수억 대 1에서 10 대 1 안쪽으로 엄청나게 낮아졌습니다. 적과의 협력을 한 덕분입니다. 정치하는 사람들에게 알려주고 싶은 내용입니다. 하다못해 설치류의 정자들도 필요하면 적과 힘을 합친다고 말입니다.

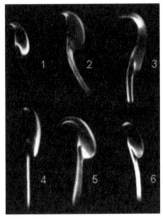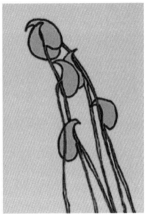

그림 3. 갈고리 모양의 설치류 정자

생명체의 끝없는 다툼은 유전자가 만든 작품 중 하나
입니다. 옳고 그름이 아닌 자연 현상일 뿐이지요. 자기의
유전자 때문에 자식을 위하는 모성애는 모든 동물에서
흔하게 볼 수 있으며 여러모로 미화된 경향이 있습니다.
그러나 아무 보상 없이 남에게 베푸는 측은지심은 다른
생명체에서 쉽게 찾아보기가 어렵습니다. 이기적 유전자
와 거리가 먼 듯한 인간의 봉사심이나 배려심이 차원이
다르게 느껴지는 이유입니다.

12

동면이 알려주는
비만 치료법

사계절은 23.5도로 기울어진 지구가 태양을 돌면서 만드는 현상입니다. 인간은 사계절을 즐기지만 모든 동물에게는 매해 돌아오는 겨울이 골칫거리입니다. 먹이 걱정 때문이지요. 곰은 동면으로 겨울의 암흑기를 넘기고 인간은 농사로 얻은 곡식으로 겨울을 보냅니다. 청설모처럼 땅에 저장해둔 도토리로 겨울을 나는 동물도 있습니다.

인간은 1만 년쯤 전부터 농사를 시작했습니다. 농사는 물의 공급 때문에 주로 큰 강 근처에서 시작됐고 그 주변으로 점점 많은 사람이 모였습니다. 인류 문명이 큰 강을

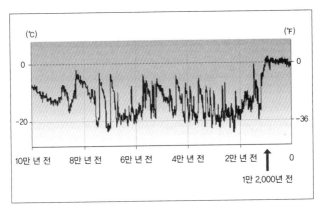

그림 4. 그린란드에서 잰 10만 년 동안의 대기 온도

중심으로 발달한 것은 우연이 아닙니다. 약 7,000년 전 메소포타미아 문명을 시작으로 이집트와 인더스 그리고 중국 문명이 각각 티그리스강 및 유프라테스강과 나일강, 인더스강, 황하 근처에서 펼쳐진 것을 보면 알 수 있습니다. 지구의 대기 온도도 농사를 시작하는 데 도움을 주었습니다. 그림 4에서 보듯이 그린란드 빙하에서 잰 10만 년 동안의 대기 온도를 살펴보면 10만 년 전부터 계속 낮은 상태에서 오르락내리락하던 기온이 1만 2,000년 전부터 높아지면서 일정하게 유지된 후 지금까지 계속되고

있습니다. 농사를 위한 기본적이고 중요한 조건이 갖추어
진 것입니다.

하지만 겨울나기 등 먹거리 걱정을 해소해준 농사가
좋은 면만 있는 것은 아니었습니다. 기아로부터 탈출은
했지만 수렵과 채취를 할 때보다 식단이 단조로워져서
영양 불균형 상태가 됐습니다. 오늘 무엇을 먹게 될지 모
르는 수렵-채취인의 식단과 농사로 얻은 한정된 재료를
이용한 농경인의 식단은 다양성 면에서 비교 자체가 불
가능합니다. 수렵-채취인의 식단이 훨씬 건강식이라는
것입니다. 따라서 농사로 인해 기아로부터 해방되면서 인
구수도 많아지고 수명도 길어졌지만 개개인의 건강은 수
렵-채취인이 우수했을 것입니다.

농사의 또 다른 문제점은 비만입니다. '농사로 인한 안
정적인 먹거리 공급'이라는 멋진 말은 인간이 제대로 된
제어 능력을 갖추었을 때 성립됩니다. 안타깝게도 인간은
양식이 부족한 암울한 시절을 오래 지내오면서 무조건
잘 먹도록 뇌와 혀가 무장됐습니다. 혹한이나 가뭄 등 열
악한 상황에 대비해 피하지방을 잘 저장할 수 있는 능력

도 갖춘 상태입니다. 우리는 농사가 우리를 비만으로 몰고 갈 수 있도록 이미 여건을 마련해두었던 셈입니다. 문제는 우리의 뇌가 양식이 많아졌다는 것을 인지하지 못하고 석기 시대 상태에 머물러 있다는 것입니다. 어쨌든 인류의 걱정은 농사 이후 기아에서 비만으로 바뀌었습니다. 모든 사람이 알듯이 비만은 만병의 근원입니다. 비만은 대사성염증을 일으켜 우리가 알고 있는 대부분의 성인병을 유발합니다. 겨울을 잘 넘겨보려고 시작한 농사가 예상하지 못한 결과를 초래해버렸습니다.

농사의 또 다른 단점은 환경 파괴입니다. 인류를 기아에서 탈출시켜 준 농사가 인간의 수명과 인구수를 폭발적으로 늘리고, 순차적으로 경작지를 더 늘리는 악순환이 반복되고 있습니다. 10만 년 전 100만 명이었던 전 세계 인구수는 농사를 시작한 1만 년 전에는 500~1,000만 명이 되어 9만 년 동안 약 5~10배 증가했습니다. 게다가 산업혁명이 시작된 1850년에는 인구가 무려 11억 명이 되어 1만 년도 안 되는 짧은 기간 동안 10~20배 증가했습니다. 농사가 만든 결과입니다. 환경 파괴는 불을 보듯 뻔합니다. 현재는 과학과 의학의 발달로 인구가 80억에 이르고 있습니다. 인류의 겨울나기는 지구 전체를 병들게 하고 있습니다.

곰은 동면으로 조용히 겨울을 납니다. 가을 동안 잔뜩 먹고 몸무게의 30~40퍼센트를 늘린 뒤 동면에 들어갑니다. 인간처럼 생산을 늘려 해결하는 게 아니라 가을에 지방 형태로 비축한 에너지를 겨울 동안 되도록이면 적게 소비하면서 넘기려는 것입니다. 체온이 서서히 내려가고, 호흡과 맥박 수가 줄어드는 등 대사작용이 억제되어 모든 생리 현상이 저하되는 모습을 보입니다. 동면하면서 에너지를 최소한으로 쓰려는 전략입니다. 곰의 동면은 환경을 보존하고 다른 생명체를 배려하면서 겨울을 넘기는 자연 친화적인 양상을 보입니다.

이에 자연은 동면하는 곰에게 화답했습니다. 곰은 동면 전에 몸무게가 엄청나게 늘어남에도 심혈관계 질환에 걸리지 않으며 당뇨병 증상도 보이지 않습니다. 더구나 동면하는 동물은 동면을 하지 않는 비슷한 수준의 동물보다 수명이 길며 동면 중에는 암이나 전염병에도 잘 걸리지 않아 연구의 대상이 되고 있습니다.

특히 동면하는 동물에서 나타나는 '인슐린 저항insulin resistance'은 많은 연구자들을 놀라게 했습니다. 당뇨병은 제1형과 제2형으로 나뉩니다. 제1형 당뇨병은 인슐린이 제대로 분비되지 않아서 유발됩니다. 제2형 당뇨병은 인슐린이 부족하거나 제대로 분비되더라도 세포가 인슐린에 제대로 반응하지 못하는 인슐린 저항에 의해 유발됩니다. 잘 아시듯이 인슐린은 인슐린 수용체와 결합해 기능을 발휘합니다. 그러나 비만이 되면 지방세포의 증가로인해 지방세포의 인슐린 수용체도 함께 증가하므로 상대적으로 인슐린이 부족한 상황이 벌어집니다. 이것을 인슐린 저항이라고 합니다. 비만인 사람이 당뇨병 환자가 되는 과정입니다. 인슐린의 주요 작용은 포도당이나 지방산 등을 세포에 저장하는 것입니다. 따라서 지나친 탄수화물 섭취로 혈당이 높아지면 인슐린이 과다 분비되고, 인슐린이 포도당을 지질로 변환해 지방조직에 저장하기 때문에 살이 찌게 됩니다. 같은 칼로리를 먹더라도 탄수화물을 많이 먹으면 살이 많이 찌는 이유입니다. 지방만 먹지 않으면 살이 찌지 않는다고 생각했다면 지금부터 바꾸시기 바랍니다. 반면 당뇨병 환자의 체중이 감소하는 이유는 인슐린의 저장 기능이 제대로 작동하지 않기 때문입니다.

높아진 혈당은 심혈관질환이나 대사성염증과 같은 합병증을 유발합니다. 미국 유타대학교의 크리스토퍼 그레그Christopher Gregg 교수 연구팀은 2019년 「셀 리포즈Cell Reports」에 동면을 하는 동물이 비만을 억제하는 기전에 대해서 보고했습니다. 이 연구팀은 다람쥐나 곰 등이 동면을 하는 동안 인슐린 저항이 유발되어 몸무게를 서서히 줄여가는 현상에 대해 주목했습니다. 인슐린 저항이 생기면 제2형 당뇨병이 유발되며 이로 인해 체중이 감소한다는 것은 예상할 수 있습니다. 그런데 신기하게도 동면하는 동물에서는 당뇨병 환자에서 흔히 나타나는 심혈관질환이나 대사성염증과 같은 합병증을 찾아볼 수가 없습니다. 동면하는 동안 합병증 없이 체중만 빠지는 기상천외한 당뇨병에 걸리는 것입니다. 비만 환자를 치료할 수 있는 천금 같은 힌트입니다. 동면을 끝내는 봄이 되면 인슐린 저항은 가뭇없이 사라지고 인슐린의 기능이 원상태로 돌아옵니다.

더욱 신기한 현상은 곰이 동면을 위해 폭식을 하는 가을에 나타납니다. 이때는 지방이 축적되어도 인슐린의 감수성이 그대로 유지되어 먹는 대로 체중이 계속 늘어납니다. 당뇨병에 걸리지 않는다는 것입니다. 동면 전에 곰이 원하는 대로 몸무게가 30~40퍼센트 증가하는 이유입니다. 이에 대해 그레그 교수는 동면하는 동물의 유전자를 파악해 환자에게 적용할 경우 비만과 함께 암, 당뇨병과 같은 난치병을 치료할 수 있을 것으로 예상했습니다. 조용히 잠만 자는 줄 알았던 곰이 우리에게 엄청난 정보를 줄 날이 머지않은 것 같습니다.

생존을 위한 동물의 동면이 인간에게 다양한 정보와 기회를 주고 있다고 생각하니 자연은 우리의 영원한 교과서임에 틀림없어 보입니다.

13

임신을 도와주는 회충

"자식이 웬수야!" 부모들이 말썽을 피우는 자식을 향해 종종 하는 말입니다. 자기 자신도 마음에 들지 않을 때가 많은데 자식이 마음에 들겠습니까? 자식의 유전자가 부모와 반이나 다르니 의견 차이가 나는 것은 당연할지도 모릅니다. 유전자로 따져서 말하자면 자식은 남입니다. 산모가 남이나 다름없는 태아를 내치지 않고 계속 임신하고 있는 것이 신기합니다. 인간은 외부의 병원체를 물리치기 위해 가차 없이 면역 반응을 작동시키지만, 공생하는 유익 미생물이나 무해한 외부 항원에 대해서는 면역을 억제하는 '관용tolerance'을 베풉니다.

미국 존스홉킨스대학교의 사브라 클라인Sabra L. Klein 교수 연구팀은 2012년 「호르몬과 행동Hormones and Behavior」에 임산부는 태아에 대한 거부 반응을 줄여 분만에 성공한다고 보고했습니다. 연구팀은 임신이 진행될수록 면역을 억제하는 에스트로겐과 프로게스테론 등의 분비량이 점점 증가하며 '자연살해세포NK cell'와 대식세포의 기능이 약화되어 태아가 거부당하지 않도록 도와준다고 밝혔습니다. 면역을 억제하는 관용 기전을 보이는 것입니다. 장내 세균 중 하나인 '클로스트리디움clostridium'도 면역 반응을 억제한다고 알려져 있습니다. 정상 임산부에서는 장내에 클로스트리디움이 충분히 존재해 임신 유지에 도움을 주며 자궁 내 염증도 줄여 조산을 방지합니다. 그러나 면역을 억제하는 것은 부작용이 따릅니다. 면역 기능이 떨어지면 독감이나 말라리아 등을 포함한 각종 감염 질환에 쉽게 걸리는 등 혹독한 대가를 치르게 됩니다. 세상에는 공짜가 없는 것 같습니다.

한 생명체가 다른 생명체에 들어가 일방적으로 이득

을 취하면 기생이라고 합니다. 기생충이나 태아 모두 기생의 범주에 들어가며 일부의 기생충은 임신 중의 태아처럼 숙주의 면역을 약화시켜 관용을 얻어낸다고 알려져 있습니다. 영국 레딩대학교의 필립 로우리Philip J. Lowry 교수 연구팀은 2007년 「분자내분비학 저널Journal of Molecular Endocrinology」에 태반이 산모의 면역 시스템으로부터 공격을 받지 않는 이유에 대해 보고했습니다. 태반이 공격받지 않는 기전은 기생충의 경우와 비슷합니다. 기생충 세포의 표면에는 '포스포콜린phosphocholine'이라는 물질이 있습니다. 포스포콜린은 숙주를 속여 기생충이 숙주와 같다고 착각하게 만듭니다. 덕분에 기생충은 숙주의 몸속에 살면서도 면역 시스템의 공격을 피할 수 있습니다.

연구팀은 태반도 기생충과 유사한 전략을 꾸며 면역 시스템의 공격을 피한다고 했습니다. 실제로 태반에서 합성되는 대부분의 단백질에는 기생충 세포의 표면에 있는 포스포콜린이 포함되어 있습니다. 산모 면역 시스템의 관용으로 태반이 무사하면 그 안에 있는 태아도 안전할 것입니다. 자식이 아무리 큰 잘못을 하더라도 감싸주려는 부모의 마음과 유사한 모습입니다.

흥미롭게도 태아가 큰 기생충이라는 발상에서 시작된 연구가 있습니다. 미국 캘리포니아 주립대학교의 아론 블렉웰Aaron D. Blackwell 교수 연구팀은 2015년 「사이언스」에 회충이 산모의 유산을 줄이고 아이를 많이 낳게 해준다는 논문을 발표했습니다. 연구팀이 조사한 산모들은 남미 볼리비아에서 아직도 수렵과 채취 등을 하며 생활하는 '치메인Tsimane'족 여성들입니다. 연구팀의 조사 결과, 회충에 감염된 치메인족 산모들의 경우 회충에 감염되지 않은 산모들보다 유산율이 낮고 아기를 낳는 터울이 짧아서 평생 평균 2명의 아기를 더 낳은 것으로 확인됐습니다. 연구팀은 회충이 자신의 생존을 위해 숙주의 면역을 억제시킨 효과가 수정란의 생존에도 도움을 준 결과라고 추정했습니다. 면역 억제로 수정란에 대한 거부 반응이 줄면 임신과 출산에 긍정적인 효과를 나타내게 됩니다. 아마도 이 효과가 회충이 산모와 태아의 영양분을 훔치는 부정적 효과보다 크게 작용하는 것 같습니다.

부모와 자식은 천륜 관계로, 부모는 자식이 제대로 성

장해 남부럽지 않은 사람이 되기를 원하며, 자식을 위해 목숨마저 내놓기를 주저하지 않습니다. 만에 하나 자식이 범죄를 저지른다면 하늘이 무너지는 심정일 것입니다. 이때 부모가 자식을 경찰에 신고하지 않고 숨겨준다면 범죄일까요? 대한민국 형법 규정 제151조(범인은닉과 친족 간의 특례)에는 '친족 또는 동거의 가족이 벌금 이상의 형에 해당하는 죄를 범한 자를 은닉 또는 도피하게 하더라도 처벌하지 아니한다'고 되어 있습니다. 이 법에 따르면 부모가 자식을 위해 범인은닉죄를 범하더라도 처벌을 받지 않는다는 것입니다. 이것은 증거인멸의 경우에도 마찬가지로 제155조(증거인멸 등과 친족 간의 특례)에 따라 부모가 면죄부를 받습니다.

반면 미국에서는 가족이나 친척이 범인을 숨겨주는 것이 위법입니다. 미 형법 제32조에 따르면 부모라도 자식이 범죄를 저지른 것을 알고도 도망가도록 도와주거나, 집에 숨겨주면 사후 공범으로 취급해 처벌받게 됩니다. 하지만 '법이 중요하냐? 자식이 중요하냐?'에 대한 정답을 찾기란 쉽지 않습니다. 미국의 형사들이나 검사들도 인간적인 차원에서 부모가 자식의 부탁을 거절할 수 없음을 잘 알고 있기 때문에 이런 위법을 저지르더라도 대부분 죄가 가벼워지며 어떤 경우에는 기각이 되기도 합니다. 산모의 면역 시스템이 태아에게 관용을 베풀 듯, 법에서도 부모에게 여지를 주는 것 같습니다.

14

호모 사피엔스만
살아남은 이유

일전에 보았던 침팬지 관련 다큐멘터리는 충격적이었습니다. 인간과 유사하게 정면에서 흰자위가 보이는 침팬지 한 마리가 우두머리 알파처럼 무리를 지휘하고 있었습니다. 특별히 몸집이 크지 않은 이 알파가 나무 위에서 눈동자를 돌려 시선을 바꾸면 밑에 있던 무리는 알파의 눈만 보고 있다가 모두 그곳을 따라 주시했습니다. 이 행동은 사냥개가 주인의 명령을 기다리듯이 반복적으로 이루어졌으며 알파가 이동하면 모두 함께 우르르 이동했습니다. 침팬지들은 알파의 흰자위가 신기해서 그런 행동

그림 5. 정면에서 흰자위가 보이는 침팬지

을 했을까요, 아니면 모종의 힘을 갖고 있다고 생각해서 그랬을까요? 알파의 몸집으로 보아 무리가 오랫동안 알파와 함께 지내왔을 것으로 보이기에 동료들이 신기해서 그런 행동을 한 것 같지는 않습니다. 그림 5에서처럼 흰자위가 보이는 침팬지는 그 수가 많지 않은 것으로 보아 열성 돌연변이로 추정됩니다.

일반적으로 동물들은 상대방의 머리 방향에 관심을 두지만 인간은 상대방의 눈 방향에 집중합니다. 학자들이 인간의 시선-협력 가설을 입증하기 위해 수행한 다양한 연구를 통해서도 유사한 결과를 얻었습니다. 침팬지나 고릴라와 같은 유인원들을 대상으로 한 실험에서 연구자가 머리와 눈동자를 서로 다른 방향으로 바꾸면 유인원들은 연구자의 눈동자 방향보다 머리 방향에 주의를 기울이는 경우가 많았습니다. 반면 대부분의 아기들은 연구자의 머리보다는 눈동자 방향에 주의를 집중했습니다. 동물과 달리 인간은 서로의 시선을 통해 소통과 협력을 시작했을 것으로 추측되는 대목입니다.

다큐멘터리에 나왔던 침팬지들은 알파의 눈동자에 집중했지만 연구에 참여했던 유인원들은 연구자의 머리 방향에 주의를 기울였습니다. 두 집단은 왜 다르게 행동을 했을까요? 이유는 흰자위에 노출된 기간이 다르기 때문일 가능성이 높습니다. 연구에 참여했던 유인원들은 실험할 때만 잠시 흰자위가 있는 연구자의 눈을 보았습니다. 원래의 습관이나 행동을 바꿀 만한 충분한 시간이나 기회가 주어지지 않았다는 것입니다. 반면 다큐멘터리에 나온 알파 침팬지는 그 무리에서 자라왔고 오랫동안 동료들과 함께 생활했습니다. 따라서 동료들은 알파의 흰자위에 이미 익숙해져 있었을 것입니다. 강아지가 조련사의 눈에 익숙해지면서 사냥개로 커가는 것과 비슷한 상황입니다. 다만 알파를 제외한 나머지 침팬지들끼리의 행동은 다른 동물들과 크게 다르지 않게 서로의 머리 방향에 주의를 기울였습니다. 사냥개들이 주인과는 시선으로 소통하지만 자기들끼리는 머리 방향에 주의를 집중하는 것과 유사합니다.

유인원을 포함한 모든 동물들이 흰자위가 없는 눈을 갖는 이유는 사냥 때문입니다. 선글라스를 쓴 듯한 거무칙칙한 눈은 상대방에게 시선과 감정을 들키지 않아서 사냥 성공률을 높일 수 있습니다. 상대방에게 공포심을 줄 수 있다는 이점도 있습니다. 사슴과 같은 사냥감도 흰자위가 없어야 포식자의 눈에 잘 띄지 않으므로 서로 유리하기는 마찬가지입니다.

역설적이지만 인간은 흰자위가 보이는 눈이 사냥에 유리합니다. 인간은 사냥을 할 때 흰자위를 통한 시선과 표정을 통해 서로 협력하는 전략을 짤 수 있습니다. 사냥감을 포위할 때 곁눈질로 동료의 흰자위를 보면 동료가 어디를 보는지 알 수 있습니다. 만일 곁눈질이 아닌 머리를 돌려서 동료를 살핀다면 사냥감은 그 틈을 타서 포위망을 빠져나갈지 모릅니다. 그러나 흰자위가 있는 눈은 상대방의 눈에 잘 띄기에 기습 공격을 하거나 숨어 있을 때는 방해가 됩니다. 따라서 숲속에서 기습 공격으로 사냥을 하며 살았을 초기 인류는 지금의 침팬지나 원숭이처럼 흰자위가 없었을 것입니다. 흰자위는 직립으로 사바나(초원)에 진출한 이후에야 보이기 시작해 사냥을 할 때 진가를 발휘했을 가능성이 높습니다.

호모 사피엔스는 여러 인류 중 유일하게 살아남았습니다. 침팬지, 오랑우탄, 고릴라, 원숭이 등 수많은 영장류는 아직 남아 있는데 왜 인류는 호모 사피엔스만 살아남고 호모 에렉투스, 네안데르탈인 등은 모두 다 멸종했을까요? 네안데르탈인은 호모 사피엔스보다 뇌도 컸고, 신체적 조건도 더 우수했습니다. 진화의 법칙을 놓고 보면 설명하기 어려운 부분입니다. 많은 과학자들은 이 이유를 호모 사피엔스가 흰자위를 갖고 있었기 때문이라고 추정합니다. 흰자위를 이용한 시선으로 소통을 원활하게 해 협업과 교역을 이룬 것이 호모 사피엔스가 최종 승자가 되는 발판이 됐다는 것입니다. 대화를 할 때 상대방이 선글라스를 쓰거나 허공을 본다면 그가 진지하게 대화에 임하고 있다고 느끼지 못합니다. 무시당하는 것 같아서 기분이 나빠지기도 하지요. 상대방의 시선을 확보하지 못해서 그렇습니다. 소통의 상당 부분은 눈을 통해 이루어지며 눈 맞춤이 그 중심에 있습니다.

눈을 이용한 호모 사피엔스의 소통은 동료에 국한되지 않습니다. 동물과도 이루어집니다. 대표적인 예가 사냥개입니다. 주인의 시선에 잘 훈련된 사냥개는 사냥 성공률을 높여줍니다. 최고의 사냥개로 손꼽히는 '포인터Pointer'는 뛰어난 후각으로 목표물을 발견한 뒤 앞발을 쳐들고 코로 사냥감이 있는 쪽을 가리킵니다. 이 행동을 '포인팅pointing'이라고 하며 포인터의 이름이 여기에서 유래됐습니다. 만일 미국 펜실베이니아대학교의 팻 쉽먼Pat Shipman 교수 등이 예상하듯이 호모 사피엔스에서 보이는 흰자위가 네안데르탈인에서는 보이지 않았다면 그리고 호모 사피엔스만 사냥개를 키웠다면 네안데르탈인은 사냥의 열

세로 호모 사피엔스에게 먹이 경쟁에서 밀렸을 것입니다. 이 가정이 모두 맞다면 생태학적 지위가 동일한 종은 공존할 수 없다는 '가우제의 법칙Gauze's axiom'에 따라 호모 사피엔스는 살아남고 네안데르탈인은 멸종했을 것입니다.

실제로 네안데르탈인의 서식지 주위에는 개의 흔적이 발견되지 않았습니다. 연구자들이 이미 확보한 네안데르탈인의 게놈 정보와 침팬지의 흰자위 돌연변이를 찾아 함께 분석한다면 네안데르탈인이 멸종한 이유를 좀 더 정확하게 밝힐 수 있을 것입니다. 얼마 전까지 호모 사피엔스와 네안데르탈인이 공존했을 것으로 추정되는 3만 년에서 7만 년 전 사이에는 개가 존재하지 않았다고 알려져 왔었지만, 최근 들어 3만 2,000년 전 호모 사피엔스와 개가 함께 살았음을 보여주는 증거가 발굴되면서 둘의 관계가 훨씬 오래됐음이 밝혀졌습니다. 쉽먼 교수의 가설이 탄력을 받을 것 같습니다. 같은 반려동물이라도 고양이보다는 개가 유달리 사람의 시선에 집착합니다. 이것은 고양이보다 개가 사람과 함께 오래 살아왔다는 증거로 보입니다.

사회적 존재인 인간에게 가장 중요한 것은 소통을 통해 서로의 생각과 가치를 주고받는 것입니다. 인간은 자기의 생각과 감정을 얼굴 표정으로 정확하게 전달하기 위해 얼굴에 있는 털까지 모두 없애버렸습니다. 소통은 흰자위를 가진 눈에서, 좀 더 정확하게 말하면 눈 맞춤에서 시작됩니다. 눈 맞춤은 우리를 지구의 다른 동물과는 차원이 다른 위치에 오르게 한 기폭제이기도 합니다. 스마트폰의 노예가 되는 시간을 줄이고 침팬지들이 알파의 시선에 집중을 했듯이 여러분도 상대방과의 눈 맞춤을 게을리하지 않기 바랍니다.

15

아기 때 기억은
왜 나지 않을까?

어느 누구도 세 살 이전의 경험을 기억해내지 못합니다. 모든 기억이 시간이 지날수록 흐려지기는 합니다만 기억을 더듬으면 드문드문 떠오르기도 하는데 왜 세 살 이전의 기억은 완전히 사라져 버릴까요? 뇌과학자들은 이런 증상을 '유아 기억상실증infantile amnesia'이라고 합니다. 기억에는 여러 형태가 있습니다. '장기 기억long-term memory'은 기억의 용량과 유지되는 기간에 한계가 없는 것으로 '명시적 기억explicit memory'이 이에 포함됩니다.

명시적 기억은 '일화 기억episodic memory'과 '의미 기억

semantic memory'으로 구분됩니다. 일화 기억은 특정 시간과 장소에서 일어났던 개인적인 경험의 기억을 말합니다. 휴가를 가는 도중 고속도로에서 차가 밀린 것이나 크리스마스 날 친구에게 받았던 선물을 기억한다면 이것이 일화 기억에 해당합니다. 일화 기억은 경중에 따라 차이가 나지만 상대적으로 쉽게 잊어버릴 수 있으며 해마의 기능과 밀접한 관련이 있습니다. 일화 기억과는 달리 의미 기억의 내용에는 정보를 얻은 시간과 장소가 포함되어 있지 않습니다. '메주는 콩으로 만든다', '1년은 열두 달 365일이다' 등과 같은 내용은 의미 기억에 해당합니다. 의미 기억은 해마와 '대뇌 신피질neocortex'이 함께 관여하므로 쉽게 잊어버리지 않습니다.

세 살 이전의 유아는 물론 엄마 배 속의 태아도 일정 기간이지만 경험을 기억할 수 있다는 것이 이미 증명된 바 있습니다. 미국 노스캐롤라이나대학교의 앤서니 디캐스퍼Anthony J. DeCasper 교수 연구팀은 1986년「신생아 행동과 발달Infant Behavior & Development」에 태아가 엄마의 배 속에서 들었던 엄마의 목소리를 태어나서도 기억한다는 연구결과를 보고했습니다. 이 연구는 아기들이 젖을 먹을 때 젖병을 빠는 속도를 조절할 수 있다는 점에 착안해 설계됐습니다. 디캐스퍼 교수 연구팀은 임산부들에게 분만 6주 전부터 그림책을 소리를 내어 읽도록 했습니다. 태아도 배 속에서 엄마의 목소리를 들을 수 있었겠지요. 태어난 후 아기가 젖을 먹는 동안 젖꼭지를 빠르게 빨 때는 엄마의 목소리를, 느리게 빨 때는 다른 여성의 목소리를 들려주었더니 12명의 아기 중 10명이 친숙했던 엄마의 목소리를 듣기 위해서인지 젖꼭지를 빠르게 빨았습니다. 이 결과는 아이가 배 속에서 들었던 목소리를 기억하고 있었음을 보여주는 증거입니다.

다른 연구에서는 생후 3개월 된 아기에게 조건 모빌 실험을 실시했습니다. 아기의 발에 줄을 묶고 모빌과 연결시켜 발을 움직이면 모빌이 움직이도록 했습니다. 잠시 후 아기는 둘의 연관성을 깨닫고 발차기 횟수를 늘렸습니다. 재미가 붙었는지 발차기는 줄을 풀어준 후에도 계속됐습니다. 이 기억이 얼마나 지속될까요? 3일이 지난 후에는 발차기의 횟수가 거의 비슷했으나 8일 후에는 조금 줄었고 13일이 지난 후에는 실험 전의 상태로 돌아갔습니다. 기억의 내용에 따라 차이가 나겠지만 일정한 기간이 지나면 아기들의 기억이 사라지는 것은 틀림없는 듯합니다. 병원에서 맞았던 주사에 대한 공포를 계속 기억하려면 갓난아기 시절은 벗어나야 되나 봅니다.

어릴 적 기억이 오래가지 않는 것은 다른 동물에서도 나타납니다. 위험한 상황의 부정적 경험을 오래 잘 기억하는 성체 코끼리나 얼룩말이 그렇지 못한 어린 새끼들을 돌보는 것은 이 때문입니다. 아기의 기억 능력은 커가면서 꾸준히 발달하며 성인이 될 때까지 지속되지만 크고 난 다음에는 세 살 이전의 일을 기억해내지 못합니다. 도대체 이때의 기억들은 어디로 사라지는 것일까요?

캐나다 토론토대학교의 폴 프랭클랜드Paul W. Frankland 교수 연구팀은 2014년 「사이언스」에 유아 기억상실증의 이유를 설명할 수 있는 연구결과를 보고했습니다. 모든 뇌세포는 재생되지 않지만 예외가 하나 있습니다. 기억을 담당하는 해마의 신경세포입니다. 프랭클랜드 교수 연구팀은 유아의 해마가 신경세포를 왕성하게 만들며 이것이

기왕에 저장됐던 기억을 지워버린다고 주장했습니다. 새로 만들어진 신경회로가 오래된 기억을 지우면서 새로운 기억을 위한 공간을 만들어준다는 것입니다. 컴퓨터를 재정비하기 위해 저장되어 있던 모든 자료를 지우는 '포맷팅formatting'과 유사합니다. 유아 기억상실증이 나타나는 이유는 그 기간 동안의 기억이 앞으로의 삶에 필요가 없다는 증거로 보입니다. 위험한 자극에 대한 경험을 기억해두는 것은 살아가는 데 매우 중요합니다. 하지만 스스로 대처한 것이 아니라 보호자가 돌봐주는 때에 얻은 정보는 가치가 떨어지겠지요. 이것이 유아 기억상실증이 나타나는 이유라고 생각합니다.

앞서 말한 프랭클랜드 교수 연구팀은 2018년 「커런트 바이올로지Current Biology」에 유아 때 잃어버린 기억을 되살린 연구에 대해서도 보고했습니다. 우선 신생 쥐들에게 약한 전기충격으로 공포 기억을 만들고 이때 활성화되는 신경세포들을 확인해두었습니다. 신생 쥐들은 자라면서 유아 기억상실증을 증명이라도 하듯 성체 쥐와는 달리 공포 기억을 쉽게 잃어버렸습니다. 이때 확인해두었던 신경세포들을 '광유전학적optogenetic' 방법으로 활성화시킨 결과 신생 쥐들이 움직임을 멈추는 얼음땡 같은 공포 반응을 다시 보였습니다. 어릴 적의 경험을 기억해내지 못할 뿐이지 기억이 완전히 사라진 것은 아니라는 것입니다. 무의식에 묻어둔 것 같은 양상입니다. 아기가 태아 때의 경험마저 기억한다는 것을 감안하여 엄마들은 태교에 신경을 더 써야 할 것 같습니다. 무의식에 들어 있다면 언제 어느 방향으로 영향을 미칠지 모르니까요.

혹시 운동할 때 분비되는 뇌신경성장인자가 해마의 신경세포를 재생시킨다는 사실을 알고 계신가요? 유아 기억상실증을 설명하던 논리대로라면 운동이 해마의 신경세포를 재생시켜 우리의 모든 기억을 없애버릴 것 같습니다. 하지만 너무 걱정하지 마십시오. 유아 기억상실증은 어릴 적의 급격한 해마 발달과 관련이 있는 것으로 추정되고 있습니다. 성인이 운동할 때 분비되는 뇌신경성장인자는 해마의 신경세포를 천천히 재생시키며 인지 기능에도 도움을 주니 기억이 상실될 걱정은 하지 마시고 운동을 열심히 해 치매를 예방하시기 바랍니다.

16

가장 원시적인 감각
: 후각

영화 〈기생충〉의 인상적인 소재는 냄새입니다. 봉준호 감독의 연출 의도를 정확히 알 수 없으나 주인과 운전기사가 차 안에서 냄새를 소재로 하는 연기와 그것이 주는 메시지는 압권이었습니다. 가정교사가 비탈과 계단을 오르는 것으로 신분 상승을 표현하고, 지하에 사는 가사도우미의 남편을 또 다른 신분으로 설정한 것도 돋보입니다만, 냄새와 연결되는 스토리는 함축적으로 많은 것을 전하는 듯했습니다. 주인이 냄새로 운전기사의 자존심을 건드린 것이 계기가 되어 마지막에 어마어마한 살인 사건으로 이어지는 것에 대한 공감은 후각이 가장 원시적인 감각이기에 가능하다고 생각합니다.

개나 고양이는 아무리 좋아하는 음식이라도 냉장고에서 바로 꺼내어 주면 먹을 생각을 하지 않습니다. 차가우면 냄새가 나지 않기 때문입니다. 동물들은 먹을 수 있는지를 냄새로 판단합니다. 후각은 생사가 달린 감각입니다. 동물의 특수 감각(시각, 청각, 미각, 후각) 중 후각 시스템이 가장 먼저 생겼을 것이라고 추정하는 이유입니다. 갓 태어난 새끼가 어미의 젖꼭지를 어떻게 찾을까요? 아직 눈을 뜨지 못하고 제대로 들을 수도 없는 새끼지만 후각만은 발달했기에 냄새로 젖꼭지를 찾습니다. 동물의 코가 촉촉한 이유는 후각 기능을 유지하려는 것이고, 동물에게 호흡기질환이 위험한 이유는 코에 염증이 생기면 냄새를 맡지 못해 제대로 먹지 못하기 때문입니다.

여러 기억 중 냄새에 대한 기억이 가장 오래 남습니다. 서로의 냄새는 인간관계를 형성하는 데 매우 중요하며, 성인이 되어서도 어릴 적의 엄마 냄새나 키워주신 할머니 냄새가 기억에 오래 남아 있는 것은 후각의 위력을 알려줍니다. 후각이 저하되면 식욕이 떨어지고 우울증의 가능성이 높아진다는 것은 의미하는 바가 큽니다. 최근에 비만을 치료하기 위한 특허가 등록됐습니다. 코 속에 국소 마취제를 뿌리는 것으로 후각을 마비시켜 식욕이 떨어지는 작용을 노린 것입니다. 동물들이 호흡기질환에 걸렸을 때처럼 제대로 먹지 못해 비만 환자가 치료될지 모르지만, 오래 사용할 경우 부작용으로 우울증을 염두에 두어야 할 것입니다.

특수 감각은 뇌신경을 통해 정보를 전달합니다. 뇌신경은 대부분 몸 안 깊숙한 곳에 있는데, 유독 후각신경만 몸 바깥인 코점막에 노출되어 있습니다. 후각신경이 바이러스 등 외부 자극에 의해 손상될 가능성이 높은 이유입니다. 코로나19 바이러스의 증상 중 하나가 후각의 상실입니다. 후각 상실이 코로나19 환자에게서만 나타나는 증상은 아닙니다. 감기나 독감 등 다른 호흡기질환 환자에서도 나타나지만, 코로나19 환자에서 훨씬 심하게 나타나므로 다른 호흡기질환과의 감별 진단에도 이용되고 있습니다.

코로나19의 대유행 초기에 과학자들은 이 바이러스가 후각신경세포에 침투한 뒤 신경을 따라 뇌에 들어가 후각 상실이 나타난다고 추측했습니다. 그러나 이후 연구에서 후각신경세포에는 코로나19 바이러스가 침투하기 위해 필요한 'ACE2Angiotensin Converting Enzyme 2'가 없어 후각신경세포가 바이러스에 직접 감염되는 것이 불가능함을 알게 됐습니다. 대신 코로나19 바이러스가 후각신경세포를 돕는 '지지세포supporting cell'에 침투합니다. 지지세포에는 ACE2가 있기 때문입니다. 이로 인해 코점막조직에 장애가 발생하고 후각신경세포의 기능이 상실되어 냄새를 맡지 못하게 됩니다.

공기 전염인 코로나19 바이러스가 기침이나 재채기를 유발해 다른 사람에게 전염되고, 수인성 질환을 일으키는 병원균은 구토나 설사를 유발해 전염되는 전략이 있듯이 우리가 겪고 있는 대부분의 증상에는 병원균의 계략이 숨겨져 있습니다. 코로나19 바이러스가 우리의 후각을 마비시킨 이유가 무엇일까요? 냄새를 맡지 못하게 하고 먹지도 못하게 해 무엇을 어떻게 하려는 것인지 궁금

합니다.

후각 상실은 알츠하이머 치매 환자에서도 나타납니다. 알츠하이머 치매는 독성 단백질인 베타 아밀로이드로 인해 기억 상실, 인지장애, 감각 이상 등이 나타나는 질환입니다. 특히 다른 감각보다 후각의 저하와 알츠하이머 치매의 상관관계가 높으므로 후각 검사를 치매의 초기 진단에 적용하는 것이 유의미합니다.

대구경북과학기술원 문제일 교수 연구팀은 2021년 「뇌병리학Brain Pathology」에 보고한 연구결과를 통해 알츠하이머 치매 환자에서 나타나는 후각 상실의 원인을 규명했습니다. 후각 기능을 유지하려면 후각 정보를 처음 받아들이는 후각 사구체가 구조적으로나 기능적으로 정상 상태여야 합니다. 문제일 교수 연구팀은 알츠하이머 치매 환자의 후각 사구체에 베타 아밀로이드가 축적된 것을 처음으로 밝혔고 시냅스 활성에 관여하는 신경전달 물질의 발현 수준이 저하된 것도 보고해 알츠하이머 치매 치료제 개발에 토대를 제공했습니다. 돋보기(시각)나 보청기(청각)와 같이 후각의 노화를 도와주는 치료법이 머지 않아 나오기를 기대합니다.

상어가 피 냄새를 맡을 수 있다는 말을 들어본 적이 있을 겁니다. 바다에서 상처를 입으면 상어가 피 냄새를 맡고 올지 모르니 빨리 피해야 한다고들 합니다. 냄새는 기화된 물질을 코의 후각세포가 감지해 맡게 됩니다. 물속에 있는 동물이 기화된 물질의 냄새를 코로 맡을 수 있을까요? 물속에서는 물질이 기화될 수 없기에 냄새를 맡는 것은 불가능합니다. 상어가 물속에서 감지한 것은 피 냄새가 아니라 피 맛입니다. 후각이 아니라 미각이라는 것입니다. 만약 피 맛을 상어의 코로 느끼더라도 그것은 후각이 아니라 미각입니다. 물속에 사는 동물에게는 후각이 없습니다.

17

인간처럼 새끼를 입양하는 보노보

백일잔치는 태어난 지 백일이 되는 날을 기념하는 행사입니다. 과거엔 신생아들이 많이 사망했기 때문에 생존을 기념하기 위해 만들어진 전통문화이기도 합니다. 아기들은 백일이 되면 목을 가누고 뒤집기를 시작합니다. 기특해 보이지만 다른 동물의 새끼들이 태어나자마자 바로 어미를 따라다니거나 일정 기간이 지나면 자기 앞가림을 하는 것과 비교하면 한심할 정도로 미숙한 상황입니다.

그런데 왜 하필 백일에 잔치를 할까요? 인간의 임신 기간을 보통 열 달이라고 말하지만 정확하게는 마지막 달거리(생리)로부터 계산해 40주(280일)입니다. 임신은 마지막 달거리 후 14일째쯤에 배란된 난자가 수정되어 이루어집니다. 따라서 난자의 수명이 하루 정도임을 감안하면 수정된 지 265(280-14-1)일이 지나 분만이 되는 셈입니다. 여기에 백일을 더하면 365일이 되므로 백일잔치는 난자가 수정된 지 정확하게 1년이 되는 날을 기념하는 듯이 보입니다. 그러나 우리 조상들이 이 모든 것을 계산해 백일잔치 날짜를 정했다고는 생각하지 않습니다. 장수를 기원하며 상징적으로 백일을 기념하는 목적이었겠지요.

'제왕절개帝王切開'는 영어로 caesarean section입니다. 이 단어로 인해 황제인 '시저Caesar'가 제왕절개로 태어났을 것이라는 설이 있습니다. 하지만 그보다는 시저가 황제가 된 뒤 분만 도중 산모가 사망할 경우 수술로 태아를 꺼내야 한다는 법을 황제령으로 정한 것에서 유래됐다는 설이 유력합니다. 생일을 귀 빠진 날이라고 하는 이유는 분만 시 가장 어려운 부분인 머리가 빠져나와 귀가 보이면 안심할 수 있었기 때문입니다. 예전에는 분만 도중 아기의 머리가 산도에 걸려 위험한 경우가 자주 발생했습니다. 인간의 머리는 진화를 통해 점점 커지고 분만이 점점 어려워지면서 여성의 산도와 엉덩이도 함께 커질 수밖에 없었습니다. 여성의 큰 엉덩이에 의해 무게 중심이 아래로 향하는 것은 사냥하는 데 불리한 요인입니다. 아마도 이것은 여성이 사냥 대신 채취와 가사를 담당하는 분업의 계기가 됐을 것입니다.

우리의 많은 행동은 오랜 기간에 걸쳐 형성된 유전 본능의 단면을 보여줍니다. 열매나 나물은 사냥감보다 양이 많아 채취 시 다툼이 덜합니다. 열매나 나물은 사냥감과는 달리 움직이지 않기에 서로 모여 채취를 계획할 수 있다는 면에서 더욱 그렇습니다. 이에 비해 사냥감은 돌발적으로 나타나며 때로는 사냥꾼을 공격하기도 합니다. 남성이 도전적이고 공격적이며 여성이 온순하고 수동적인 성향을 보이는 것과 관련이 있어 보입니다. 물론 앞으로 시간이 한참 지나면 이런 면이 희석되어 성별에 따른 차이가 줄어들 것입니다.

인류와 약 700만 년 전에 갈라졌다고 알려진 침팬지와 보노보의 공동 조상은 90~210만 년 전 공격성의 차이를 보이는 침팬지와 보노보로 다시 갈라졌습니다. 침팬지는 공격적인 종이 됐고 보노보는 늑대에서 개가 나온 것처럼 온화한 종이 됐습니다. 보노보는 피그미침팬지로 불리는 침팬지 아종으로 인간과 유전적으로 단 1.3퍼센트만 차이가 나는 것으로 밝혀졌습니다. 인간과 닮았다고 알려진 침팬지는 1.6퍼센트 차이가 나므로 보노보가 인간과 가장 닮은 영장류라고 할 수 있습니다.

침팬지와 보노보는 모두 잡식성이지만 다른 점이 많습니다. 아프리카 중북부 여러 지역에서 치열한 경쟁을 해왔던 침팬지와는 달리 보노보는 비교적 먹이가 풍요로운 콩고강 남쪽에 서식하며 평온한 생활을 해왔습니다. 먹이를 두고 싸울 필요가 없었던 보노보 무리는 침팬지 수컷들이 벌이는 살벌한 주도권 싸움 대신 우두머리 암컷이 주도해 무리의 서열을 정합니다. 무리들 간에 영역 등으로 문제가 생기면 침팬지 무리는 수컷 우두머리를 중심으로 혈투를 벌이고, 보노보는 양쪽 무리의 암수가 짝짓기를 해 평화적으로 해결한다는 것이 잘 알려진 사실입니다. 결국 침팬지는 권력으로 모든 문제를 해결하고, 보노보는 성으로 모든 문제를 해결합니다. 두 무리의 전체적인 분위기도 극명하게 차이가 납니다. 침팬지 무리는 공격적이고 배타적이지만 보노보 무리는 부드러우며 친화성이 강합니다. 이런 이유로 보노보는 영장류 중 가장 온순한 종으로 꼽혀왔습니다.

일본 교토대학교의 나호코 토쿠야마Nahoko Tokuyama 교수 연구팀은 2021년 「사이언티픽 리포츠Scientific Reports」에 보노보가 다른 집단의 새끼를 입양한다는 연구결과를 보고했습니다. 입양된 새끼들은 그 집단과 유전적으로 아무런 연관이 없음이 확인됐습니다. 이는 인간을 제외하면 어떤 동물에서도 볼 수 없었던 최초의 사례로서, 보노보의 이타성을 보여주는 행동으로 주목받고 있습니다. 보노보 무리에선 침팬지 수컷들이 저지르는 새끼 죽이기를 볼 수가 없습니다. 보노보는 처음 만난 보노보에게 과일을 따서 주는 등 대가 없이 도움을 베풀기도 합니다. 하지만 이런 모든 것을 감안하더라도 다른 집단의 새끼를 입양한다는 것은 놀라운 일입니다. 토쿠야마 교수 연구팀은 이 연구결과가 이기적인 사고로는 도저히 설명할 수 없는 인간 사회의 입양을 이해하는 데 도움을 줄지도 모른다고 했습니다.

지구 상의 어떤 동물보다도 잔인한 인간이 큰 무리를 만들어 사회를 이룰 수 있었던 것은 남을 포용하는 이타심도 함께 갖고 있어서입니다. 원숭이는 지독하게 이기적이며 유인원은 자기 무리에 대해서는 관대한 편입니다. 인간은 조건이나 대가 없이 남을 돕는 속마음을 갖고 있으며 이는 다른 동물과 구별되는 인간만의 특징입니다. 수컷이 주도하는 침팬지보다 암컷이 지배하는 보노보에서 인간이 갖는 배려심과 측은지심의 기원을 찾아야 할 것 같습니다.

18

미간이 넓으면
인자해 보이는 이유

눈의 위치를 보면 육식동물인지 초식동물인지 알 수 있습니다. 사자, 호랑이, 치타처럼 남을 잡아먹고 사는 육식동물의 눈은 나란히 앞을 향하고 있습니다. 육식동물은 잡아먹을 수 있는 동물이 아무리 많아도 한 마리를 목표로 삼고 추격을 시작합니다. 되도록이면 부상을 당했거나 어려서 달리기가 늦은 동물을 노리겠지요. 눈이 나란히 앞을 향하고 미간이 좁을수록 목표물에 초점을 맞추기 쉬워 사냥 성공률을 높일 수 있습니다. 반면 사슴, 얼룩말, 기린처럼 육식동물에게 잡아먹히고 사는 초식동물의 눈은 양옆을 향하고 있어서 미간이 넓습니다. 시야가 넓을수록 포식자를 파악하는 데 유리합니다. 언제, 어디서, 몇 마리의 육식동물이 나타나 공격할지 모르므로 경계하는 데 최적화된 듯합니다. 거기에 눈이 툭 튀어나오기까지 하면 시야를 더욱 넓혀주어 금상첨화입니다. 실제로 거의 모든 초식동물은 눈이 돌출되어 호수와 같다고 할 정도로 눈망울이 큽니다. 욕심 같아서는 뒤통수에 눈이 하나 더 있었으면 할 것입니다. 먹이사슬에서 미간이 좁은 동물일수록 위쪽을, 미간이 넓은 동물일수록 아래쪽을 점유합니다.

그러나 조류에게는 이 법칙이 잘 적용되지 않습니다. 추격자인 치타와 도망자인 톰슨가젤은 둘 다 땅이라는 이차원 평면에서 달리기 경쟁을 합니다. 반면 맹금류인 매나 독수리는 육상동물인 쥐나 토끼도 잡지만 날아다니는 새를 잡아야 할 때는 삼차원의 공간에서 추격을 해야 합니다. 매는 시력이 매우 좋으며, 사냥할 때 높은 곳에서 급강하해 새를 발로 잡아채기도 합니다. 공중에서 시속 300킬로미터 이상의 속도로 자유 낙하해 새를 낚아채

그림 6. 동물들의 눈의 위치

는 광경은 장관입니다. 뛰어난 시력을 '독수리의 눈eagle's eye'이라고 부르듯, 독수리도 시력이 좋으며 기본적으로 뛰어난 비행 능력과 사냥 실력으로 날아다니는 새를 낚아챕니다. 만약 매나 독수리의 눈이 치타처럼 앞으로 나란히 향해 있다면 삼차원 공간에서 날아다니는 새를 제대로 추격하지 못할 것입니다. 그보다는 초식동물처럼 눈이 양옆에 있어야 좀 더 넓은 시야를 갖고 사냥 성공률을 높일 수 있을 것입니다. 실제로 매나 독수리의 눈이 초식동물처럼 양옆에 있는 이유입니다. 물론 추격당하는 참새나 비둘기의 눈도 비슷한 상황입니다.

맹금류 중에는 주로 육상동물을 먹고 사는 것도 있습니다. 올빼미와 부엉이입니다. 이들은 독수리만큼 비행 실력이 뛰어나지 않아서 빠르게 날아다니는 새를 사냥하기가 쉽지 않습니다. 대신 올빼미는 뛰어난 야간 시력으로 야간 사냥에 특화되어 있으며 청각도 뛰어나 바스락거리는 소리도 놓치지 않아서 쥐, 개구리, 두더지 등을 쉽게 사냥합니다. 잘 아시듯이 올빼미와 부엉이의 눈은 치타처럼 앞을 향하고 있습니다. 사냥감이 주로 육상동물임을 생각해보면 크게 이상할 게 없다고 생각합니다. 올빼미와 부엉이가 머리를 360도로 돌릴 수 있다는 것을 아시나요? 이것도 나무 위에 앉아 먹잇감을 찾아내는 데 큰 도움을 줄 것입니다.

삼차원의 사냥은 물속에서도 벌어집니다. 범고래나 상어가 사냥하는 물고기는 자유롭게 물속을 헤엄치고 다닙니다. 범고래와 상어의 사냥이 매와 독수리의 사냥과 비슷하지 않나요? 먹잇감이 삼차원으로 도망을 다닌다는 면에서 말입니다. 범고래와 상어를 포함해 물속에서 사냥하는 모든 동물은 눈이 양옆에 있어 미간이 넓습니다. 쫓기는 놈도 마찬가지입니다. 모든 물고기는 자기보다 큰 물고기에게 잡아먹히니 언제든지 추격자가 도망자 신세로 전락할 수 있습니다.

수달은 헤엄치면서 주로 물고기를 잡아먹는 족제비과 포유류입니다. 수달과 해달은 모습이 비슷하지만 사는 곳이 다릅니다. 수달은 강이나 호수 등 민물에서 살고, 해달은 바다에서 삽니다. 수달은 민물고기, 개구리 등을 잡아먹지만, 해달은 물고기는 물론 성게, 홍합, 전복 등을 잡아 배에 올려놓고 돌로 껍데기를 깨서 먹습니다. 무엇을 잡아먹든 수달과 해달 모두 물속에서 사냥하므로 돌고래나 상어처럼 미간이 넓은 것이 유리할 듯하며, 실제로도 그렇습니다. 수륙 양용인 파충류나 양서류도 대부분 눈의 위치가 수달과 유사하며 미간이 넓습니다.

원숭이나 유인원의 미간은 아주 좁습니다. 인간의 미간도 좁은 편이지만 그나마 미간이 조금 넓은 사람은 인자해 보입니다. 거기에 눈망울까지 크면 초식동물처럼 보여 왠지 나를 공격할 것 같지 않습니다. 미간이 넓은 대표적인 미인으로 미국의 영부인이었던 재클린 케네디 오나

그림 7. 재클린 케네디 오나시스와 존 F. 케네디 대통령

시스가 떠오릅니다. 그림 7의 사진으로만 봐도 넉넉하고
푸근해 보입니다.

반대로 미간이 좁은 사람은 집요해 보입니다. 육식동
물의 눈을 닮아서일까요? 네덜란드 에라스무스대학교
의 만프레드 카이저Manfred Kayser 교수 연구팀은 2012년
미국 공공과학도서관 유전학지인 「플로스 제네틱스PLoS
Genetics」에 미간 등 얼굴 특성을 결정하는 250만 개 이상
의 DNA 표지를 분석해 보고했습니다. 연구결과에 따르
면, 이 중 PAX3와 TP63는 미간을 결정하는 유전체로 변
이가 생기면 눈 사이가 비정상적으로 멀어지는 희귀 질

병을 유발합니다. 이 두 유전자가 우리의 눈을 포식자처럼 앞쪽으로 가지런히 갖다 놓는 것으로 추정됩니다. 카이저 교수는 이 연구에서 처음으로 알아낸 COL17A1 유전체도 미간과 관련이 있다고 밝히며 얼굴 모양과 관련된 유전체를 찾았다는 것은 놀라운 일이라고 했습니다.

이대로 관련 연구가 진행된다면 머지않아 DNA 자료를 바탕으로 얼굴을 그려내는 시대가 오지 않을까 기대해봅니다.

19

적당한 스트레스는 약이다

동맥경화는 심장에 스트레스를 줍니다. 혈관에 지방이 쌓이면 혈관이 좁아지므로 심장이 피를 내보내기가 어렵습니다. 동맥경화가 지속되면 이를 극복하기 위해 심장의 근육이 두꺼워집니다. 운동을 지속적으로 하면 골격근이 커지는 것과 마찬가지 원리입니다. 동맥경화와 같이 운동도 심장에 스트레스를 줍니다. 운동을 하면 교감신경이 흥분되어 심장이 빠르고 강하게 뛰기 때문입니다. 따라서 훈련을 지속적으로 하는 운동선수도 동맥경화 환자처럼 심장근육이 두꺼워집니다.

그런데 운동선수의 심장과 동맥경화 환자의 심장은 건강 면에서 큰 차이가 있습니다. 같이 스트레스를 받았는데 왜 극과 극일까요? 이유는 스트레스의 형태가 달라서입니다. 운동할 때는 운동과 휴식을 번갈아 하므로 심장이 간헐적으로 스트레스를 받습니다. 고맙게도 운동 후 휴식을 취하는 동안 관상동맥의 직경이 넓어지고 혈관 가지가 생성되며 심근 사이사이에 분포하는 실핏줄이 증가합니다. 늘어난 혈관을 통해 혈액 공급이 늘어나므로 심장은 틀림없이 건강해질 것입니다. 공장을 증축한 뒤 전기와 수도의 공급을 늘려 공장의 가동률을 높이는 것과 비슷합니다.

반면 동맥경화는 1년 열두 달 하루도 빠짐없이 심장에 스트레스를 주어서 심장이 쉴 틈이 없습니다. 머리에서 떠나지 않는 걱정거리나 정신적 스트레스도 지속적으로 교감신경을 흥분시켜 비슷한 결과를 초래합니다. 심장이 휴식을 취하지 못하니 관상동맥이 제대로 발달할 수 없겠지요. 결국 동맥경화 환자나 정신적 스트레스 환자의 심장은 공장은 커졌지만 전기와 수도가 제대로 공급되지 못하는 것처럼 관상동맥을 통한 혈액 공급이 제대로 되지 않아서 심근허혈로 발전하게 됩니다. 심장의 건강을 위해서는 지속적인 스트레스가 아닌 간헐적인 스트레스가 필요함을 알 수 있습니다.

운동과 노동은 다를까요? 많은 사람들이 노동은 노동이고 운동은 운동이라고 말합니다. 노동도 운동처럼 근력을 높이고 심장혈관계의 기능을 증진시킬 수 있을 것으로 보이는데 말입니다. 심하게는 운동은 이롭고 노동은 해롭다고까지 말합니다. 둘은 무엇이 다를까요? 우선 둘의 큰 차이는 자세입니다. 운동할 때는 자세를 바르게 하고 몸의 균형을 잘 맞추려고 노력하는 반면, 노동할 때는 몸을 뒤틀거나, 쪼그리거나, 심하게 구부리는 등 몸을 혹사합니다. 잘못된 자세가 반복되면 관절, 근육, 인대 등 근골격계에 이상을 초래할 수 있습니다.

운동과 노동의 또 다른 점은 적절한 휴식 여부입니다. 운동과 휴식은 한 세트입니다. 운동과 휴식을 번갈아 하면 쉬는 동안 신체를 회복하고 근육을 강화시킬 수 있습니다. 운동 후에 취하는 휴식에 의해 관상동맥이 발달하는 것과 유사합니다. 그러나 노동할 때는 적당한 때에 쉬지 못하므로 피로와 스트레스가 쌓이고 과로로 인해 각종 질환이 유발될 수 있습니다. 만약 운동도 쉬지 않고 계속한다면 노동이 될 수 있습니다. 운동이 적당한 휴식 덕분에 빛이 난다는 것을 기억하시기 바랍니다.

열 자극으로 암을 치료한다는 사실을 알고 계셨나요? 미국 캘리포니아 산타모니카에 있는 '고온암치료연구소 Hyperthermia Cancer Institute'는 미국식품의약국FDA이 승인한 열 자극 요법으로 암을 치료하는 세계적인 연구소입니다. 이 연구소에서는 암이 있는 부위에 '탐침probe'을 찔러 넣고 열을 가해 암세포와 주위의 혈관을 파괴시킵니다. 국소 온도를 섭씨 45도로 올리면 정상 조직의 손상 없이 암세포를 죽이거나 손상시킬 수 있습니다. 암세포가 온몸에 전이된 환자는 온탕에 들어가 일시적으로 체온을 섭씨 40도로 올려 암을 치료하기도 합니다. 체온이 오르면 면역작용이 강해진다는 점을 노리는 것입니다. 체온을 높이면 면역세포의 활동성과 암세포에 대한 공격 기능이 항진되어 항암 효과를 얻을 수 있으며, 화학요법이나 방사선 치료와 함께 시도할 경우 암 치료 효과를 높일 수 있습니다.

열 치료에 대한 임상 보고가 늘어나면서 건강한 사람의 체온을 높여 암을 예방하자는 주장까지 나오고 있습니다. 인삼 등 체온을 높이는 음식이나 열 자극 방법으로 면역 기능을 강화해 암 발생을 막자는 것입니다. 전략이 맞아 보이나요? 우선 암 예방 효과를 나타낼 정도로 체온을 올린 뒤 지속하면 두통, 구토, 설사 등 심각한 부작용이 나타납니다. 암이 무섭기는 하지만 예방을 위해 감수하기에는 너무 힘든 증상들입니다.

2021년 노벨생리의학상 수상자인 데이비드 줄리어스 교수의 대표 업적은 캡사이신과 열 자극을 모두 통각으로 감지하는 캡사이신 수용체의 발견입니다. 최근 들어 이 수용체를 차단하는 진통제가 새롭게 개발되어 관심의 대상이 되고 있습니다. 그러나 이 진통제는 캡사이신 수용체의 열 감지 기능도 함께 차단해 체온을 상승시키는 부작용을 나타냅니다. 체온 상승으로 나타나는 부작용은 환자들이 통증만큼 힘들어하는 증상입니다. 캡사이신 수용체 차단제를 이용한 신약 개발이 미뤄지고 있는 이유입니다.

암을 예방하기 위해 건강한 사람의 체온을 올리지 못하는 또 다른 이유는, 체온이 오르면 산소 소모가 늘어 유해산소 생성이 증가하기 때문입니다. 잘 알려져 있듯이 유해산소는 암을 유발하는 인자입니다. 따라서 암을 치료하기 위해 체온을 일정 기간만 간헐적으로 올리는 것은 몰라도, 높은 체온을 계속 유지하면 암을 유발할 가능성이 있으므로 좋은 방법이 아닙니다. 오랜 기간의 진화를 거쳐 우리의 체온이 섭씨 36.5도로 유지되고 있는 이유를 간과하지 말아야 합니다.

직장인에게 내일도 휴일이라고 하면 얼마나 좋아할까요? 휴일이 계속된다는 것은 꿈같은 일입니다. 산적해 있는 일은 덮어두고, 하고 싶었던 취미 생활을 마음대로 할 수 있으니 상상만으로도 즐겁습니다. 그러나 매일 놀다 보면 노는 게 일하는 것만큼 힘들어집니다. 매일 일요일이라는 것은 매일 월요일이라는 것과 크게 다르지 않습니다. 골프를 광적으로 좋아하던 사람이 직장을 그만두고 꿈에 그리던 실내 골프장을 개업하면 좋을까요? 아닐 것입니다. 매일 골프를 칠 수 있다는 흑심을 채우기도 전에 골프는 노동이 될 것입니다.

스트레스가 독인지 약인지는 여러분이 결정할 수 있습니다. 우리에게 주어지는 모든 스트레스를 없애기란 불가능합니다. 심하게 말해서 스트레스가 완전히 사라지면 제대로 살아남지 못할 것입니다. 가장 현명한 길은 모든 방법을 동원해 지속적인 스트레스를 간헐적으로 만드는 것입니다. 우리가 휴식이나 여가 활동을 통해 얻는다고 쉽게 이야기하는 스트레스 해소는 스트레스를 없애는 게 아니라 간헐적으로 만드는 것임을 기억해두시기 바랍니다. 지속적인 스트레스는 독이지만 간헐적인 스트레스는 약입니다.

20

어느 감각으로
짝을 찾을까?

후각은 배우자 선택과 직결되는 원초적인 감각입니다. 최상급의 후각을 가진 동물은 곤충입니다. 수컷 나방이 암컷이 분비하는 극소량의 '페로몬pheromone' 냄새를 추적해 수 킬로미터 밖에서 날아오는 것은 대단한 일입니다. 더구나 공기 중에 있는, 다른 곤충의 페로몬을 포함한 수없이 많은 냄새 분자 속에서 암컷 페로몬을 구별한다는 것은 경이롭기까지 합니다. 개미는 자기 무리를 냄새로 알아챕니다. 남의 집으로 들어간 개미는 금방 물려 죽을지 모릅니다. 우리의 눈으로는 구별이 불가능한 수많은 개미들이 서로를 냄새로 구별한다는 것이 도저히 믿어지지 않습니다. 제대로 보이지 않고 들리지 않는 하등동물도 페로몬으로 짝을 찾습니다. 학자들이 생명체가 처음으로 가진 감각이 후각이라고 주장하는 이유입니다.

후각신경의 전달 경로를 보아도 힌트를 얻을 수 있습니다. 인간의 뇌에서 간뇌에 있는 '시상thalamus'을 거치지 않고 대뇌에 전달되는 감각은 후각이 유일합니다. 다른 모든 감각은 시상에 들러 시냅스를 한 뒤 대뇌로 전달되는데 후각만 면제를 받았습니다. 복잡한 이야기지만 진화 과정으로 보면 시상이 만들어지기 전에 후각신경이 이미 존재했을 가능성이 있으며, 따라서 후각이 가장 원시적인 감각이라고 주장하는 것입니다.

코로나19 감염의 후유증으로 후각을 상실해 밥맛을 잃었다는 이야기는 이제 자주 들어 익숙할 것입니다. 후각에 미각까지 잃은 환자는 문제가 더 심각하겠지요. 인간의 후각신경은 3~6개월마다 재생되지만 나이가 들면 재생이 원활하지 않아 시각이나 청각처럼 후각도 노화 현상으로 둔해집니다. 노인성 치매나 파킨슨병의 주요 증상

중 하나가 후각 상실인 이유입니다.

후각은 인간의 배우자 선택에도 관여합니다. 스위스 베른대학교의 클라우디아 베데킨트Claudia Wedekind 교수 연구팀은 1995년 「영국왕립학회지 BProceedings of the Royal Society B」에 인간이 짝을 찾는 데 후각이 관여하는지에 대한 연구결과를 보고했습니다. 베데킨트 교수 연구팀이 여성들에게 남성들이 이틀간 입었던 티셔츠의 냄새를 맡게 한 결과 대부분의 여성들이 자신과 유전 정보가 다른 남자의 티셔츠를 선호했습니다. 사람의 냄새를 특정하는 조직 형질은 '주조직 적합 복합체MHC, Major Histocompatibility Complex'에 들어 있습니다. MHC는 면역체계에 관여하는 유전자로 구성되어 있으며 우리 몸의 바코드라고 해도 과언이 아닙니다.

여자가 자신과 다른 MHC를 가진 남자의 냄새를 좋아하는 것은 진화생물학적으로 유리한 반응입니다. 다양한 유전 정보를 가진 후손이 좀 더 완벽한 면역으로 잘 대처해 건강할 것이기 때문입니다. MHC가 다양할수록 에이즈에 덜 걸리며 대부분의 혼혈이 뛰어난 좌우 균형을 보

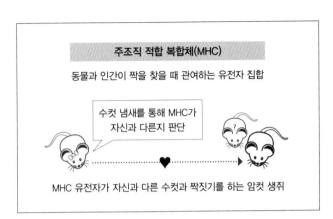

그림 8. 암컷 생쥐가 자기와 다른 MHC의 수컷을 선택하는 과정

이고 건강할 가능성이 높은 것도 이 덕분입니다. 모든 동물이 그렇듯 암컷 생쥐도 여러 수컷의 냄새를 확인한 뒤 자신과 다른 MHC를 가진 수컷을 찾아 짝짓기를 합니다 (그림 8). 또한 유전자 조작으로 콧속에 있는 후각상피 영역을 파괴시킨 돌연변이 수컷은 암컷의 냄새를 맡지 못하고 짝짓기를 하지 않았습니다. 이는 암수 모두 번식하려면 후각이 필요하다는 사실을 보여주는 증거입니다.

대한민국의 이혼 건수는 매해 10만 건이 넘습니다. 그런데 코로나19 이후 다른 나라는 대부분 이혼이 늘었는

데 우리나라는 줄었다고 합니다. 각종 대소사에 가족 모임이 줄어들면서 다툼도 줄어든 덕분이라는 분석입니다. 웃어야 하나요, 울어야 하나요? 남녀는 후각은 물론 모든 감각과 마음을 동원해 서로를 확인한 뒤 미래를 약속하지만 상당수가 이혼을 합니다. 결혼을 결정할 때 지침으로 삼았던 MHC보다도 더 중요한 무엇이 있는 듯합니다.

암컷 비비원숭이는 수컷에게 선택받기 위해 빨갛게 부푼 엉덩이를 이용합니다. 수컷들은 조금이라도 더 빨갛고 큰 엉덩이를 가진 암컷을 차지하기 위해 혈투를 불사합니다. 그런데 수동적인 줄로만 알았던 암컷 비비원숭이는 수컷들이 우두머리 자리를 두고 싸움을 할 때 승자를 결정하는 막강한 권한을 갖고 있습니다. 암컷이 배우자인 우두머리를 교체할 수 있는 것입니다. 새들은 후각보다는 시각이 더 발달되어 있습니다. 꿩이나 원앙 등 수컷 새들의 화려함은 암컷을 향한 과시입니다. 제비처럼 털 색깔이 흑백으로 이루어진 경우에는 수컷 꼬리의 길이와 좌우 대칭의 정도가 암컷의 선택 조건이 되기도 합니다. 두 갈래로 갈라진 꼬리 깃털은 날아다니는 곤충을 잡아먹는 제비에게 정교한 비행 능력을 부여하기 때문입니다. 약해 보이는 암컷이 많은 결정권을 쥐고 있음을 알 수 있습니다.

중국과학원 유후아 선Yue-Hua Sun 교수 연구팀은 2019년 「사이언스」에 사랑앵무의 애정이 상황에 따라 변할 수 있다는 연구결과를 보고했습니다. 다른 새들과 같이 사랑앵무 암컷도 외모가 화려하고 지저귀는 소리가 뛰어난 수컷을 좋아했습니다. 좋아하는 정도는 둘이 함께 있는 기간으로 평가했습니다. 이후 선 교수 연구팀은 암컷의 관심을 받지 못한 수컷에게 특별 교육을 시켰습니다. 교육 내용은 뚜껑을 열어 접시에 있는 먹이를 꺼내 먹는 방법과 투명 상자 안의 먹이를 3단계로 꺼내 먹는 방법입니다. 이후 실험에서 암컷은 선택을 받았던 멀쩡한 수컷이 먹이를 꺼내지 못하고 허둥대는 반면, 관심을 받지 못했던 수컷이 능숙하게 먹이를 꺼내 먹는 광경을 목격했습니다. 암컷은 사랑을 지켰을까요? 아니면 미련 없이 상대를 바꾸었을까요? 암컷은 생활력이 강한 수컷을 선택했습니다. 사람으로 따지면 이혼하고 재혼을 한 것입니다.

무엇을 기준으로 배우자를 선택하는 게 좋을까요? 후각이 판별하는 MHC로는 자손들의 항원에 대한 면역 반응과 질병에 대한 저항력을 담보할 수 있습니다. 시각으로는 배우자의 몸 크기나 균형을 보고 유전 정보나 살아온 과정을 종합해 건강 상태를 가늠할 수 있습니다. 청각으로는 목소리를 통해 건강 상태나 사회성을 알아볼 수 있습니다. 이는 인간이나 동물 모두에게 다 적용됩니다. 여기에 인간은 배우자의 인성까지도 봐야 합니다. 다만 인간이 쓰는 수많은 향수와 못 알아볼 정도의 성형수술은 상대방의 본질을 파악하는 데 걸림돌이 될 것입니다. 어차피 밀고 당김을 통한 배우자 선택은 골치가 아픈 일 같습니다.

21

친구 따라
강남에 가는 이유

'친구 따라 강남 간다'는 말은 친구가 좋아서 덩달아 따라간다는 뜻입니다. 할 마음이 없었는데 친구가 하니까 따라 하다가 망한다는 뜻이기도 합니다. 여기서의 강남은 서울에 있는 강남이 아닌 중국의 양자강 아래 지역을 말합니다. 봄에 우리나라에 왔던 제비가 여름을 나고 가을에 강남으로 날아간다는 바로 그 강남입니다.

미국 스와스모어대학의 솔로몬 애쉬Solomon E. Asch 교수는 1956년 「심리학 논문: 일반 및 응용Psychological Monographs: General and Applied」에 집단 동조화에 대한 사회심리학적인 연구결과를 보고했습니다. 애쉬 교수는 한 조를 7~9명의 17~25세 백인 남성으로 구성해 이들에게 선분을 하나 보여주었습니다. 조원 중에 한 명만 실험 대상자이고 나머지는 미리 실험 내용을 알고 있는 실험 도우미였습니다. 몰래 카메라를 이용한 실험이라고 생각하시면 됩니다. 이후 길이가 서로 다른 3개의 선분을 더 보여주고 처음의 선분과 같은 길이의 선분을 찾게 했습니다. 길이의 차이가 분명한 아주 쉬운 문제였습니다. 그런데 먼저 답을 한 실험 도우미들이 누가 봐도 다른 선분을 줄줄이 선택했고 실험 대상자는 당황스러울 수밖에 없었습니다. 실험 결과는 이보다 더욱 놀라웠습니다. 여러 조의 실험 대상자에게 반복한 1,000번이 넘는 질문 중 무려 36.8퍼센트가 실험 도우미의 틀린 답을 그대로 따라 했습니다. 친구 따라 강남에 간 것입니다.

애쉬 교수는 어릴 적 특별한 경험 덕분에 이 연구를 시작하게 되었습니다. 애쉬 교수가 일곱 살 때의 일입니다. 할머니와 삼촌이 식탁의 빈자리에 와인 잔을 놓고 와인을 따른 뒤 영적인 존재가 와서 마실 것이니 잘 보고 있으라고 했습니다. 암시와 기대감으로 가득 찬 어린 애쉬는 잔의 포도주가 약간 줄어드는 것을 보았다고 생각했습니다. 믿고 싶은 마음이 착각하게 만들었다는 게 정확한 표현일 것입니다. 애쉬는 사회적 압력에 굴복했고, 이 경험은 향후 사회심리학을 연구하는 데 큰 동력이 됐다고 합니다.

숙주를 조종하는 기생충은 자연에 꽤 많이 있습니다. 중간숙주인 설치류에 있다가 최종숙주인 늑대나 여우 같은 육식 포유류의 내장에 들어가려는 기생충은 기생하고 있는 설치류를 굼뜨게 만듭니다. 육식 포유류가 설치류를 잘 잡을 수 있게 하기 위해서입니다. 반면 올빼미나 독수리 같은 육식 조류의 내장에 들어가려는 기생충은 기생하고 있는 설치류를 천방지축으로 뛰어다니게 합니다. 육식 조류의 눈에 잘 띄게 하려는 전략입니다. 기생충은 감독이고 설치류나 포식자는 감독의 지시대로 움직이는 꼭두각시 같습니다.

독일 뮌스터대학교의 피터 샤르색Peter Scharsack 교수 연구팀은 2018년에 「영국왕립학회지 B」에 S. 솔리두스라는 기생충이 큰가시고기를 조종해 물새에 잡아먹히도록 한다는 연구결과를 보고했습니다. 샤르색 교수 연구팀은 실험장치를 만들어 연구를 진행했습니다. 큰 어항 수면에 먹이를 띄워놓고 물속에 기생충에 감염된 큰가시고기와 감염되지 않은 큰가시고기를 함께 넣었습니다. 어항 위에는 물새 모양으로 만든 구조물을 두었습니다. 기생충에 감염된 큰가시고기는 물새 구조물의 공포에도 불구하고 먹이가 있는 수면 가까이로 떠올랐습니다. 샤르색 교수 연구팀은 이를 기생충이 물새의 내장에 들어가려고 큰가시고기를 조종한 결과라고 해석했습니다.

문제는 여기서 그치지 않았습니다. 기생충에 감염된 큰가시고기를 따라서 감염되지 않은 큰가시고기도 위험한 수면 가까이에 떠올랐습니다. 물새 구조물이 있음에도 기생충에 감염된 동료의 행동을 보고 방심한 것입니다. 친구 따라 강남에 간 셈이지요. 진짜 물새가 있었다면 함께 잡아먹혔을 것입니다. 결국 기생충은 감염되지 않은 개체까지 간접적으로 조종해 큰가시고기 무리 전체의 집단 동조화를 유발했습니다. 인간은 자신의 의견과 함께 타인들의 평판도 중요하게 여기는 사회적인 동물입니다. 집단에 속한 개인은 자기의 의견을 말하는 대신 수많은 사람들의 시선을 감안해 다수의 의견에 동조하는 경향을 보입니다. 집단에서 퇴출되는 게 두려워 어쩔 수 없이 선택한 결과입니다. 학생들이 집단에게 따돌림을 당하는 게 두려워서 약자를 옹호하기보다 오히려 약자를 따돌리는 데 가담하는 것과 비슷한 상황입니다.

현대사회는 문명이 발달했으며 신과 같은 과학기술에 둘러싸여 점점 더 복잡해지고 있습니다. 그에 비해 인간의 뇌는 아직 그것을 감당할 만큼 진화하지 못해 인식의 한계점에 봉착해 있습니다. 개개인이 판단해 결정할 일은 수없이 쌓여가고 있으나 대부분의 경우 내용을 파악하기조차 버겁습니다. 우리가 이때 문제의 해결을 포기하고 외치는 외마디 소리가 있습니다. "몰라, 몰라"입니다. 우리는 이 말을 하면서 골치 아픈 난제를 풀어버린 듯한 해방감을 느낍니다. 이때가 위험합니다. 모종의 힘이 개입해 우리를 우매한 군중으로 몰아갈지 모르기 때문입니다.

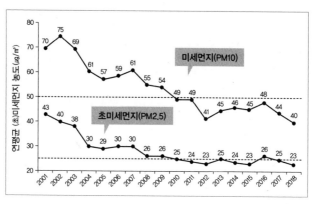

그림 9. 서울의 (초)미세먼지 농도

최근 몇 년간 매스컴에서 미세먼지에 대한 기사를 다루는 일이 점점 늘어나고 있습니다. 미세먼지가 어딘가에 숨어 있다가 갑자기 나타난 것처럼 느껴질 정도입니다. 미세먼지는 지름이 10마이크로미터μm 이하의 먼지로 PM10이라고 하며, 초미세먼지는 지름이 2.5마이크로미터 이하의 먼지로 PM2.5라고 합니다. 대한민국 환경부가 발표한 대기환경 연보에 따르면 서울 기준 미세먼지 농도는 2001년 70마이크로그램 퍼 세제곱미터μg/m³에서 2018년 40마이크로그램 퍼 세제곱미터로 꾸준히 개선되고 있습니다. 초미세먼지 농도 역시 2001년 43마이크로그램 퍼 세제곱미터에서 2018년 23마이크로그램 퍼 세제곱미터로 매해 감소했습니다.

초미세먼지 농도의 '매우 나쁨' 일수와 '좋음' 일수가 모두 증가해 양극화한다는 점과 아직 OECD 국가 중 나쁜 편에 속한다는 점은 예의 주시해야 하지만, 연평균 농도가 매해 꾸준히 감소한다는 것은 고무적인 일입니다. 매스컴을 통해 미세먼지 기사를 자주 접해 걱정을 넘어 공포를 갖고 있던 분들은 미세먼지가 20년 가까이 매해 감소하고 있다는 사실이 의아할 것입니다. 참고로 1980년대 서울 대기의 초미세먼지 농도는 2019년의 4배 이상이었습니다. 상황을 제대로 파악하지 못한 상태에서 갖게 되는 막연한 공포는 문제를 해결하는 데 전혀 도움이 되지 않습니다. 미세먼지 농도나 식품의 안전성을 보면, 현재 우리는 역사상 가장 안전한 상태에 살고 있으면서 가장 큰 걱정을 하고 있는 것처럼 보입니다.

정확한 정보 없이 섣불리 판단하거나 행동을 결정하는 것은 위험합니다. 친구가 아무리 좋아도 그냥 따라가는 것은 실패할 가능성이 높습니다. 만일 보이지 않는 큰 세력에게 조종당한다면 우리 모두 큰가시고기 신세가 될 수 있음을 기억해야 합니다. 집단지성이 발휘되는 것은 바람직하며 그 위력이 대단하지만 자칫 잘못하면 우매한 군중의 나락으로 빠질 수도 있음을 꼭 명심해야 합니다.

22

육식동물이 암에
잘 걸리는 이유

자동차 보험료를 주행 거리와 연동하는 제도는 합리적이라고 생각합니다. 차를 많이 운행할수록 사고의 위험은 높아지며 계속 세워둔다면 사고가 날 리 없기 때문입니다. 같은 거리를 운행하더라도 운전 숙련도에 따라 사고율과 위험도가 달라지기는 하겠지요. 최근에 위험한 상황을 미리 감지해 사고를 미연에 방지해주는 '능동안전 시스템active safety system'이라는 안전장치가 개발되었으니 머지않아 교통사고율이 급감하리라 예상됩니다. 교수들끼리 우스갯소리로 논문 표절을 하지 않는 가장 확실한 방법은 논문을 쓰지 않는 것이라고 말합니다. 하지만 논문을 많이 쓰더라도 표절검사 프로그램을 이용해 관리를 잘하면 표절을 피할 수 있습니다. 종종 화재경보기와 스프링클러가 제대로 작동되지 않아서 작은 불씨가 대형화재로 번지는 것을 보면 안전장치의 위력이 대단하다는 것을 알 수 있습니다.

암세포 발생은 세포가 분열하는 과정에서 DNA의 실수로 인해 일어나는 사고입니다. 고맙게도 DNA의 실수를 고쳐주는 다양한 시스템과 순찰 기능을 해주는 자연살해세포나 T임파구 등 복합적인 안전장치가 암 발생의 대부분을 원천 봉쇄해줍니다. 그럼에도 암이 발생하는 이유는 세포분열 중 DNA가 암유발인자에 과하게 노출되거나 암을 막아주는 안전장치가 약화되어서입니다. 여러 장기 중 평생 끊임없이 세포분열을 하는 위, 간, 대장, 폐, 자궁, 피부 등이 암 발생 순위의 상단에 포진해 있으며 태어나서 평생 세포분열을 하지 않는 심장의 암 발생률이 0퍼센트에 가까운 것을 보면 세포분열이 암 발생과 관련이 깊음을 알 수 있습니다.

암 유발에는 흡연, 식습관, 음주, 유전인자, 방사선 등이 관여한다고 알려져 있습니다. 이 중 식습관이 일반인들의 생활과 가장 밀접하다고 생각됩니다. 지나치게 짠 음식, 과다한 동물성 지방, 태운 고기 섭취가 암을 유발시키는 요인으로 알려져 있습니다. 짠 음식은 위암, 식도암, 구강암과 관련이 있고, 동물성 지방을 많이 섭취하면 유방암과 대장암에 잘 걸립니다. 최근 우리나라 식단에 육류가 증가하는 등 식습관이 서구화되면서 유방암, 대장암, 전립선암이 폭발적으로 늘고 있습니다. 따라서 암을 예방하려면 잘 아시는 바와 같이 과다한 육류 섭취를 줄이고, 충분한 채소와 과일을 섭취하는 것이 바람직합니다.

헝가리 생태연구센터의 오르솔야 빈체Orsolya Vincze 박사 연구팀은 2021년 「네이처」에 육식동물이 초식동물보다 암에 잘 걸린다고 보고했습니다. 빈체 박사 연구팀은 야생에서 서식하는 동물의 경우 먹이 등 환경적인 요인을 표준화하기 어렵다는 점을 감안해, 동물원에서 사육하는 동물 11만여 마리의 자료를 분석한 결과 다른 포유류를 잡아먹는 육식동물의 암 사망률이 매우 높음을 밝혀냈습니다. 이 이유는 고지방과 저섬유질의 섭취는 물론 잡아먹은 동물의 몸에 농축됐던 발암성 환경오염 물질 때문이라고 추정했습니다. 동물들은 요리해서 먹지 않으므로 짠 음식이나 태운 고기의 영향은 배제할 수 있습니다. 반면 암 발생률이 가장 낮은 종은 소, 영양, 사슴 등 발굽동물이었으며 설치류와 영장류의 암 발생률도 낮았습니다. 이들의 공통점은 모두 초식동물이거나 잡식동물이라는 것입니다. 동물들이 우리에게 중요한 정보를 주는 것 같지요?

세포가 분열할 때 DNA의 실수를 고쳐주는 대표적인 안전장치는 p53입니다. p53은 암 억제 단백질로 TP53 유전자에 의해 만들어집니다. 만약 TP53 유전자의 돌연변이에 의해 p53 단백질이 정상적으로 만들어지지 않는다면 손상된 DNA를 가진 세포의 분열을 막지 못해 결국 암으로 발전하게 됩니다. 안젤리나 졸리로 인해 유명해진 BRCA1, BRCA2도 암 억제 유전자로 유방암이나 난소암과 관련이 깊습니다. 이들에 돌연변이가 생기면 유방암과 난소암의 발생 가능성이 매우 높아집니다. 어머니로부터 BRCA1 돌연변이 유전자를 물려받은 안젤리나 졸리가 유방암에 걸릴 확률은 87퍼센트에 달했으나 유방절제술을 받은 지금은 5퍼센트로 떨어졌습니다. 이후 난소까지 제거하는 등 공격적인 수술을 단행해 논란의 대상이 되고 있지만 그녀의 어머니가 난소암과 유방암에 걸려 56세의 나이에 돌아가신 것을 생각하면 어쩔 수 없는 선택이었을 것입니다.

영국 옥스퍼드대학교의 리차드 페토Richard Peto 교수 연구팀은 1975년 「영국암 학회지British Journal of Cancer」에 개체의 몸집이 클수록 암에 걸릴 확률이 적어지는 '페토의 역설Peto's paradox'에 대해 보고했습니다. 모든 생명체는 나이가 들고, 몸이 커질수록 암 발생률이 높아집니다. 세포 분열이 증가하기 때문입니다. 그런데 이 법칙은 같은 종 내에서만 적용됩니다. 종끼리 비교하면 결과는 반대로 나타납니다. 쉽게 생각해보면 수명이 짧고 체중이 적게 나가는 쥐는 암 발생률이 낮을 것이고, 코끼리나 고래와 같이 수명이 길고 체중이 많이 나가는 동물은 암 발생률이 높을 것 같습니다. 그러나 수명과 체중이 엄청나게 차이가 나는 인간과 쥐의 암 발생률이 비슷하며, 코끼리와 고래의 암 발생률은 그보다도 훨씬 낮아 제로에 가깝습니다. 이와 같이 몸집이 클수록 암 발생률이 낮아지는 현상을 페토의 역설이라고 합니다.

미국 버팔로대학교의 빈센트 린치Vincent J. Lynch 교수 연구팀은 2021년 「이라이프eLife」에 코끼리가 암에 걸리지 않는 이유에 대해 보고하며 페토의 역설을 구체적으로 증명했습니다. 린치 교수 연구팀은 사람은 암 발생 안전장치인 TP53 유전자를 부모로부터 하나씩 물려받아서 한 쌍만 갖고 있지만 코끼리는 20쌍이나 갖고 있기에 암 발생률이 현저하게 낮다고 주장했습니다. 더구나 코끼리는 이 유전자를 처음부터 20쌍이나 갖고 있던 게 아니라 진화를 통해 점차 늘려온 것으로 밝혀졌습니다. 코끼리는 몸집이 크다는 사실만으로도 포식자를 쉽게 제압할 수 있지만 암 발생에 대한 안전장치가 없었다면 종을 보존하기 어려웠을 것입니다. 아마도 포유류의 몸이 커지고 수명이 늘어나는 데 암에 대한 안전장치가 크게 기여했을 것으로 추정됩니다. 반면에 기린과 벌거숭이두더지 쥐의 몸집이 엄청나게 차이가 남에도 암의 원인인 돌연변이의 빈도가 유사하고 수명도 25년 정도로 비슷하다는 사실을 바탕으로 페토의 역설에 반론을 제기하는 학자도 있습니다.

현재까지 밝혀진 암 억제 안전장치는 빙산의 일각입니다. 앞으로 진행될 유전체연구는 우리에게 질병에 대한 이해 및 진단과 치료에 새로운 접근법을 제시해줄 것입니다. 자연은 수십억 년 동안 진화해왔고 우리는 거기에서 많은 것을 얻게 될 뿐입니다. 저절로 고개가 숙여지는 대목입니다.

23

여자는 왜
남자보다 오래 살까?

여자가 남자보다 오래 산다는 것은 잘 알려진 사실입니다. 시대나 나라에 상관없이 남녀의 수명은 4~5년 정도 차이를 보입니다. 이에 대해 남성이 음주, 흡연, 마약 복용 등을 즐기며 위험한 행동을 하는 것과 관련이 있다는 주장이 있습니다. 그러나 음주, 흡연, 마약 등을 하지 않는 침팬지나 오랑우탄도 암컷이 수컷보다 오래 사는 것을 보면 근거가 미약합니다.

프랑스 리옹1대학교의 장 프랑수아 르메트르 Jean-François Lemaître 교수 연구팀은 2020년 「미국 국립과학원 회보 PNAS」

에 인간만이 아니라 야생 포유류도 암컷이 더 오래 산다
는 연구결과를 발표했습니다. 르메트르 교수 연구팀은 야
생 포유류 100여 종을 분석한 결과 암수의 수명 차이는
사람의 남녀보다 더 커서 암컷이 평균 18.6퍼센트 더 수
명이 길다고 했습니다. 이 차이는 수컷이 번식과 관련된
에너지를 소비하는 것과 함께 번식에 투자하는 노력 및
그에 따른 위험성이 복합적으로 작용한 결과라고 풀이했
습니다.

성별에 따른 수명 차이를 다른 각도로 해석한 연구도
있습니다. 독일 연방인구조사기관의 마크 루이Marc Luy 박
사는 2004년 「인구와 개발 리뷰Population and Development
Review」에 생물학적 요인이 남녀의 사망률에 기여하는 정도
에 대해 보고했습니다. 루이 박사는 1890년부터 1995년
까지 105년간 독일 바이에른 수도원에서 생활한 1만
1,000명 이상의 수녀와 신부의 수명을 일반 독일인의 수
명과 비교 분석했습니다. 성직자는 일반인에 비해 단조로
운 생활을 하며, 비교적 위험한 환경에 적게 노출되고 과
격한 행동도 하지 않을 것입니다. 그럼에도 조사의 시점

을 감안하면 수녀의 기대수명이 신부보다 2년 정도 길었고 이것은 오롯이 성호르몬이나 성염색체의 생물학적인 차이 때문이라고 했습니다. 따라서 평균적인 남녀의 수명 차이가 4~5년이므로 나머지 2~3년은 환경적인 요인일 가능성이 있습니다.

대한민국 인하대학교의 민경진 교수 연구팀은 2012년 「커런트 바이올로지」에 조선 시대 내시가 양반보다 오래 살았다고 보고했습니다. 민 교수 연구팀은 다른 궁중 남성들의 평균 수명이 50세인 반면 사춘기에 고환이 제거된 내시 81명의 수명은 70세였다고 발표했습니다. 내시들은 당시 조선 시대 남성들보다 100세를 넘길 가능성이 100배 이상 높았으며 양반들은 물론 철저한 관리를 받는 왕이나 왕족보다도 훨씬 오래 살았습니다. 남성호르몬인 테스토스테론은 면역 기능을 저하시키고 심장질환을 유발하는 등 수명을 단축시킨다고 알려져 있습니다. 내시들이 오래 산 것은 거세로 인해 남성호르몬 분비가 억제됐기 때문이라고 추정됩니다.

동물들도 여러 가지 목적으로 거세를 당합니다. 이 동

물들이 오래 사는 것도 같은 이유일 것입니다. 거세에 의해 성염색체가 변하지 않는다는 것 정도는 당연히 알고 계시지요? 여성호르몬인 에스트로겐은 남성호르몬과는 달리 면역 기능을 강화하고 세포 손상을 막아 각종 질환을 막아줍니다. 여성이 남성보다 오래 사는 것은 당연해 보입니다.

남녀의 성염색체 차이는 Y염색체의 존재 여부입니다. 여성의 XX보다 남성의 XY가 다양해 보이지만 Y염색체는 지난 3억 년 동안 퇴화되어 오늘날 X염색체보다 작은 상태가 됐습니다. 사람의 경우 X염색체는 1억 5,500만 염기쌍에 유전자가 2,000여 개지만 Y염색체는 5,900만 염기쌍에 유전자가 78개에 불과해 남자가 열성이라고 할 수 있습니다. 퇴화한 속도를 감안하면 Y염색체의 남은 수명이 1,000만 년이라는 주장까지 있습니다.

호주 뉴사우스웨일스대학교의 조 지로코스타스Zoe A. Xirocostas 교수 연구팀은 2020년 「바이올로지 레터스Biology Letters」에 성염색체와 수명에 관한 연구결과를 발표했습니다. 지로코스타스 교수 연구팀은 229개 동물에 대한 생명표를 분석해 XY의 성염색체를 가진 수컷이 XX의 성염색체를 가진 암컷보다 17.6퍼센트 정도 수명이 짧다는 것을 밝혀냈습니다. 이런 현상은 동물원에서 사육하는 동물에서도 똑같이 나타났습니다. 하지만 조류에서는 수컷의 수명이 암컷보다 길었습니다. 조류는 암컷이 ZW, 수컷이 ZZ의 성염색체를 가지고 있습니다. X염색체가 Y염색체보다 큰 것처럼 Z염색체도 W염색체보다 크고 많은 유전자를 갖고 있습니다. 정리해보면 포유류의 암컷(XX)이나 조류의 수컷(ZZ)과 같이 동일한 성염색체를 갖는 성이 부실한 Y나 W 염색체를 갖는 성보다 오래 산다는 것입니다.

동물의 수명은 체구에 비례합니다. 코뿔소 수명 50년, 엘크 수명 20년, 쥐의 수명이 2년인 것처럼 말이죠. 그런데 이렇게 수명이 체구에 비례한다는 것을 감안하면, 체중이 100배 넘게 차이가 나는 비둘기와 엘크의 수명이 20년 정도로 비슷하다는 것을 이해하기 어렵습니다. 벌새는 체구가 쥐의 10분의 1 이하지만 쥐 수명의 5배에 가까운 10년을 삽니다. 도대체 새들이 장수하는 비결은 무엇일까요? 조류는 미토콘드리아가 산소의 대부분을 유해산소가 아닌 물로 만드는 효율적인 에너지 대사를 합니다. 따라서 조류의 유해산소 생성이 포유류의 10분의 1 정도입니다. 조류가 날아다니면서 계절별로 즐겨 먹는 각종 열매에도 장수의 비결이 숨겨져 있습니다. 열매 속에 잔뜩 든 카로티노이드, 비타민 E, 비타민 C 등은 유해산소를 무력화시킵니다. 하지만 이 모든 것을 감안하더라도 포유류를 압도하는 조류의 장수를 설명하기에는 부족합니다. 혹시 성염색체의 차이가 원인이 아닐까요? 포유류의 성염색체는 X를 기반으로 하지만 조류의 성염색체는 Z를 기반으로 합니다. 바로 이 차이가 조류와 포유류의 수명 차이를 만드는 게 아닌가 하는 생각이 듭니다.

2009년 노벨생리의학상을 받은 엘리자베스 블랙번 Elizabeth Blackburn 교수는 생명체의 수명을 염색체의 양 끝에 있는 '텔로미어telomere'의 길이가 쥐고 있다고 했습니다. 블랙번 교수는 스트레스를 피하고 풍부한 인간관계를 유지하면 텔로미어의 길이가 줄어드는 것을 막을 수 있다고 조언합니다. 심호흡 및 명상, 유산소 운동, 충분한 수면, 몸에 좋은 음식 등 우리가 잘 알고 있지만 실천하기 어려운 건강 상식이 텔로미어의 유지에도 적용된다는 것입니다. 남자들의 경우 성전환 수술을 통해 성별을 바꿀 것이 아니라면 블랙번 교수의 말을 따르는 편이 무병장수하는 데 도움이 되지 않을까요?

24

병원과 법정에
AI를 도입한다면

인간의 판단은 다른 동물에 비해 유독 큰 전두엽과 전
전두엽에서 이루어집니다. 인간이 크고 복잡한 전두엽을
가지게 된 이유에 대해서는 아직 정확하게 밝혀지지 않
았지만 '볼드윈 효과Baldwin effect'가 작용했을 가능성을
배제할 수 없습니다. 미국의 사회심리학자인 볼드윈은 문
화와 유전자가 함께 변할 수 있다고 주장했습니다. 즉, 인
간이 습득한 지식과 기술로 생태학적 환경을 변화시키고,
그것이 유전자 안으로 진입해 진화에 영향을 미칠 수 있
다는 것입니다. 소프트웨어와 하드웨어가 공진화할 수 있

다는 논리입니다. 이 논리대로라면 전두엽의 발달이 인간의 직립으로 인한 손의 이용이나 언어 사용과 연계되어 있을 가능성이 높습니다. 볼드윈 효과는 용불용설의 라마르크 학설과 맥을 같이하며 최근에 각광받는 후성유전학에 의해 상당 부분이 증명되고 있습니다.

전전두엽도 다른 연합 영역으로부터 광범위하게 정보를 입수해 판단을 내립니다. 특히 '복내측 전전두피질 ventromedial prefrontal cortex'과 '배외측 전전두피질 dorsolateral prefrontal cortex'은 각기 다른 양상의 판단을 담당합니다. 미국 아이오와대학교의 안토인 베차라 Antoine Bechara 교수 연구팀은 2000년 「브레인 Brain」에 복내측 전전두피질에 병변이 있는 환자가 판단에 이상 소견을 보인다는 연구결과를 보고했습니다. 이 환자들은 미래를 멀리 보지 못하고 근시안적인 판단을 통해 결국은 손해가 커지거나 보상이 줄어드는 너무나도 황당한 '소탐대실'의 결정을 한다는 것입니다. 미국 프린스턴대학교의 조슈아 그린 Joshua D. Greene 교수 연구팀은 2001년 「사이언스」에 배외측 전전두피질은 정해진 자원을 두고 배분을 할 때 다른 사람을 배려하는 도덕적인 판단과 깊은 관련이 있다고 주장했습니다.

그러나 유능한 요리사라도 재료가 나쁘면 좋은 요리를 만들기 어렵듯이 아무리 인간의 전두엽과 전전두엽이 다른 동물보다 발달해 있고 건강한 상태라도 제대로 된 정보가 주어지지 않는다면 옳은 판단을 내리기 어렵습니다.

의료계는 의사의 진단이 미진할 경우를 대비하여 인공지능의 도입까지 계획하고 있습니다. IBM에서 만든 '왓슨Watson'이라는 인공지능은 의사들의 진단과 치료 결과를 분석해 의사 개개인의 성적을 매길 정도입니다. 머지않아 인공지능이 의사 업무의 상당 부분을 대신하거나 아니면 적어도 지금처럼 의사의 진단과 치료에 도움을 줄 수 있을 것입니다. 그렇다고 의사들이 인공지능이라는 기계 때문에 직업에 대한 위협을 느낄 필요는 없을 것입니다. 현재 의사가 진단할 때 쓰고 있는 CT나 MRI 등 수많은 기계처럼 인공지능을 진단에 이용하면 되기 때문입니다.

판사의 판결은 어떨까요? 판사의 판결은 개인의 능력

이나 성향 또는 사회의 여러 가지 상황에 따라 차이가 날 수 있을 것 같습니다. 좀 더 정확하게 말하자면 판사도 인간이기에 실력 부족이나 실수 혹은 주관에 의해 내린 오심이 사심이나 혹심 때문이라고 오해를 받을 수 있습니다. 따라서 판사의 판결을 보호하는 차원에서라도 인공지능과 같은 기계의 도움을 받는 것은 어떨까요. 물론 처음에는 반발이 있겠지요. 그러나 운동 경기에 처음 VARVideo Assistant Referee이 도입됐을 때 심판들의 반대가 심했지만 지금은 VAR 사용이 당연하게 여겨지는 것이 본보기가 될 수 있습니다.

1986년 멕시코 월드컵 8강전인 잉글랜드와 아르헨티나 경기에서 아르헨티나의 마라도나 선수는 점프해 머리 대신 손으로 공을 쳐서 골대에 넣었습니다. 잉글랜드 선수들이 강력하게 항의했지만 심판은 골로 인정했고 마라도나 선수가 결승 골까지 넣으면서 아르헨티나가 2 대 1로 승리했습니다. 주심을 본 튀니지의 빈 나세르 심판은 마라도나 선수가 잉글랜드의 골키퍼와 동시에 공중으로 뛰어올랐으며, 2명 모두 심판인 자기에게 등을 지고 있어서 마라도나 선수가 손으로 넣는 것을 볼 수 없었다고 회상했습니다. 만약 지금처럼 VAR로 확인했다면 골은 고사하고 마라도나 선수가 퇴장을 당했을지도 모릅니다. 멕시코월드컵 결승전에서 아르헨티나는 서독을 3 대 2로 이기고 우승했습니다. 심판의 작은 실수가 엄청난 결과를 초래했습니다. 최근에는 오프사이드나 파울 등에 대한 판단이 애매한 경우 심판은 예외 없이 VAR의 도움을 받으며, 판정이 나온 이후에는 어느 누구도 이견을 제시하거나 항의하지 않습니다. 심판도 경기의 일부라고 푸념하며 포기하던 옛날보다는 훨씬 공정해 보입니다.

2021년에 열린 도쿄 올림픽 수영 경기에서는 1,000분의 1초까지 측정할 수 있는 초정밀 터치패드와 순간 사진을 100장 찍는 카메라가 사용됐습니다. 심판이 스톱워치로 선수의 기록을 측정해 순위 논란이 벌어졌던 때를 생각하면 격세지감이 있습니다. 쇼트트랙도 1,000분의 1초까지 측정해 순위를 결정하는데 아주 보기 드문 사건이 벌어졌습니다. 2019~2020년 쇼트트랙 월드컵 2차 대회에서 한국 남자대표팀의 5,000미터 기록이 헝가리 대표

팀과 6분 55초 968로 0.001초까지 같아 공동 우승을 한 것입니다. 앞으로는 정확도를 더 높여 1만분의 1초까지 측정해야 할지 모르겠습니다.

이제는 주심이 정확하게 심판을 본다는 것, 의사가 정확하게 진단한다는 것, 판사가 정확하게 판결한다는 것의 의미가 새삼 또 다른 단계로 진화할 듯합니다. 끊임없이 진화해온 우리 뇌의 역할에 인공지능이라는 새로운 무기를 장착하면서 말이죠.

25

우리 감각은
아직도 물속에 있다

어렸을 때 친구와 누가 먼저 눈을 깜빡이는지 내기를 한 적이 있습니다. 이기려고 둘 다 계속 눈을 뜨고 있느라 눈이 아프고 눈물이 났지요. 우리는 1분에 평균 10~15회 정도 눈을 깜빡이며 책을 읽을 때는 덜 깜빡이다가 책장을 넘길 때 많이 깜빡입니다. 눈 깜짝하는 데 걸리는 시간은 3분의 1초 정도로 아주 짧아 보이지만 눈이 감겨 있는 동안 시야가 가려져서 포식자에게 공격을 당할 수 있는 시간입니다. 그럼에도 눈을 깜빡이는 이유는 안구를 청결하게 하고 안구가 건조해지는 것을 막기 위해서입니다.

우리는 눈물샘과 눈꺼풀을 이용해 깜빡일 때마다 안구 표면을 촉촉하게 만드는 물속 효과를 얻고 있습니다. 눈 깜빡임은 동물이 물에서 육지로 올라오는 진화 과정에서 생긴 현상이라고 추정됩니다.

사회가 발전하면서 우리는 모니터나 휴대전화기와 같은 전자기기를 오래 보게 되는 등 눈을 점점 더 혹사해 안경과 함께 인공눈물의 수요를 늘리고 있습니다. 어쩔 수 없이 모니터를 많이 봐야 하는 사람은 틈이 나는 대로 창밖의 먼 산을 보시기 바랍니다. 안구 속에는 방수라는 물이 차 있습니다. 방수는 눈의 형태를 유지하고 눈 내부에 영양분을 공급합니다. 방수는 홍채 뒤쪽의 모양체에서 생성되며, 생성된 양만큼 눈 외부로 배출되어 항상 일정량이 유지됩니다. 방수가 너무 적으면 안구가 작아지는 안구 위축이 되고 너무 많으면 안압 상승으로 시신경이 눌려서 시력에 영향을 주는 녹내장이 될 수 있습니다.

캐나다 브리티시컬럼비아대학교의 그레고리 가벨리스Gregory S. Gavelis 박사 연구팀은 2015년 「네이처」에 단세포 해양 플랑크톤 중에 눈과 같은 기관을 가진 종류가

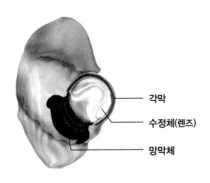

각막

수정체(렌즈)

망막체

그림 10. 플랑크톤의 눈

있다고 보고했습니다. 이 연구팀은 그림 10에서 보듯이 단세포 편모류의 하나인 '워노이드 와편모조류warnowiid dinoflagellates'의 세포 소기관 중에 각막과 수정체(렌즈), 그리고 망막체에 해당하는 부분이 있다는 사실을 밝혀냈습니다. 플라나리아 등이 안점을 이용해 빛을 느끼기는 하지만, 더 하등동물인 플랑크톤이 눈을 갖고 있다는 것은 충격적인 사실입니다. 지구 상의 동물 중에서 척추동물과 함께 무척추동물인 두족류나 갑각류, 그리고 곤충만 눈을 가지고 있다는 편견이 보기 좋게 깨진 것입니다. 단순한 단세포 생물인 플랑크톤이 복잡한 눈을 갖게 된 까닭은

그림 11. 〈네모바지 스폰지밥〉의 플랑크톤

먹이를 잘 잡기 위한 것으로 추정됩니다.

외눈과 입, 그리고 팔다리가 달린 '셸든 자넷 플랑크톤'(그림 11)이 등장하는 만화영화 〈네모바지 스폰지밥〉을 기억하시나요? 원작자이며 해양학 박사인 스티븐 힐렌버그Stephen Hillenburg가 1999년에 눈 달린 플랑크톤이라는 캐릭터를 설정했으니 가벨리스 박사 연구팀보다 16년 전에 플랑크톤이 눈을 가지고 있다는 사실을 알려준 예언가(?)임에 틀림없습니다.

물고기는 귀가 없습니다. 그 대신 물의 진동을 몸의 양쪽에 있는 옆줄로 느낍니다. 따라서 최초의 물고기가 육지로 올라왔을 때 공기의 떨림을 탐지할 수 있는 다른 수단이 필요했을 것입니다. 옆줄의 감도로는 공기의 진동을 느낄 수 없기 때문입니다. 우리는 공기의 진동을 귀로 느낍니다. 귀는 외이와 중이, 내이로 되어 있습니다. 귓바퀴에서 모아져 외이를 지난 공기의 진동은 중이에 있는 고막을 통해 내이로 전달됩니다. 내이는 청각을 담당하는 달팽이관과 평형을 담당하는 전정기관으로 구성되어 있습니다. 달팽이관과 전정기관은 서로 연결되어 있으며 감각세포가 있는 부위는 내림프액으로 차 있어서 고막이 받은 공기의 진동이나 몸의 균형 상태를 액체의 움직임으로 바꿀 수 있습니다. 내림프액은 분비와 흡수를 잘 조절해 안구의 방수처럼 항상 일정한 양을 유지합니다.

그런데 안구의 녹내장처럼 액체량의 균형이 깨지는 경우가 있습니다. '메니에르병Meniere's disease'은 내림프액의 양이 증가해 내이의 압력이 높아지는 질환입니다. 메니에르병을 내이의 고혈압이라고 부르는 이유입니다. 메니에르병은 병변이 달팽이관에서 나타나면 청각신경이 손상되어 청력 저하와 귀의 먹먹함, 이명 등이 나타나며, 전정

기관에서 나타나면 균형과 자세를 담당하는 전정신경이 손상되어 어지럽고 메스꺼운 증상을 보입니다. 고온 다습한 여름에는 메니에르병이 악화될 수 있습니다. 특히 저기압이 되면 상대적으로 내이의 압력이 높아지며, 습도가 높을수록 음속이 높아지기 때문입니다. 비가 오는 날엔 좀 더 주의를 기울여야 하는 이유입니다.

마른 상태의 혀에 설탕을 올리면 달게 느껴질까요? 느껴지지 않습니다. 혀가 미각을 느끼려면 물질이 녹은 상태여야 합니다. 혀가 맛을 느끼는 데 침이 꼭 필요한 이유입니다. 혀에는 유두라고 하는 점막 돌기가 있고, 유두에는 미각 수용체인 미뢰가 있습니다. 물에 녹여진 물질은 맛에 따른 적정 미뢰를 통해서 정보를 생성한 후 뇌에 전달합니다. 미뢰가 느끼는 맛 중 신맛은 수소 이온, 단맛은 포도당, 짠맛은 나트륨 이온, 감칠맛은 글루탐산 등 L-아미노산에 의해 느껴집니다. 이 네 가지 맛이 먹을 음식에 대한 정보를 알려준다면 쓴맛은 먹지 말아야 할 것을 경고하는 역할을 합니다. 자연계에서 쓴맛을 내는 분자는 대부분 식물이 자기를 방어하려고 만든 알칼로이드 계통의 독성분으로 종류가 상당히 많으며 화학 구조도 다양합니다. 따라서 우리의 혀에는 그것을 감지하려는 쓴맛 수용체의 종류도 25개 이상으로 많지만 결국 모두 쓴맛으로 느껴집니다. 미국 유전체 분석 기업인 23andMe의 아담 오턴Adam Auton 박사 연구팀은 2022년 「네이처 제네틱스 Nature Genetics」에 코로나19 감염 시 나타나는 후각이나 미각 상실과 관련된 유전자 변이를 규명해 학계의 관심을 끌었습니다. 제대로 된 미각을 지니면 건강에 도움이 되지만 미각이 둔하면 당분이나 소금을 과하게 섭취해 건강에 악영향을 줄 수 있기 때문입니다.

우리 몸의 60퍼센트가 물이듯이, 지구도 표면의 약 3분의 2가 바다일 정도로 물이 많습니다. 지구는 태양계에서 유일하게 물이 있는 행성입니다. 생명체가 살 수 있다는 증거이기도 합니다. 따라서 지구의 생명체가 물속에서 시작됐을 것이라는 추론은 어렵지 않습니다. 고향을 쉽게 버리지 못하듯이 육상동물인 우리가 아직도 눈물, 내이의 내림프액, 침 등 액체를 통해서 감각을 작동시키고 있는 것을 보면 더욱 그렇게 생각됩니다.

26

고산지대 사람들이
살아남은 이유

최근 들어 안데스 산맥이나 티베트 고원 등 고산지대
를 찾는 여행객이 늘고 있습니다. 고도가 높은 지역을 여
행할 때는 고산병을 조심해야 합니다. 고산병이란 고도가
높을수록 산소의 농도가 낮아져서 혈액과 조직에 저산소
증이 발생하는 환경 증후군입니다. 해발 4,000미터의 산
소 농도는 저지대의 60퍼센트 정도입니다. 산에 오르는
사람 중 2,000~2,500미터에서 22퍼센트, 4,000미터에서
50퍼센트 이상이 고산병을 호소합니다. 고산병의 주요
증상으로는 호흡 곤란, 두통, 현기증, 식욕 부진, 탈진 등

이 있습니다. 이 밖에도 손발이 붓거나 수면장애 등이 나타나며 시간이 지나면 뇌에 공급되는 산소가 부족해지면서 술에 취한 사람처럼 비틀거리는 운동실조 현상도 보입니다. 대부분 일정 기간이 지나면 낮은 산소에 적응해 증상이 완화되지만, 심한 경우에는 뇌부종이나 폐부종이 발생해 위험한 상황에 처할 수도 있습니다.

우리 몸에 산소가 부족하면 ATP가 덜 만들어집니다. ATP는 모든 세포의 부피를 일정하게 유지해줍니다. 좀더 자세히 말하자면 세포는 '펌프($3Na^+$-$2K^+$ pump)'를 이용해 나트륨과 물을 끊임없이 세포 밖으로 퍼냅니다. 이 펌프를 작동시키는 에너지는 ATP입니다. 따라서 ATP가 부족하면 세포 속에 나트륨과 물이 남아 세포가 붓게 됩니다. 우리 몸의 어떤 세포도 예외가 없으며 부은 세포는 기능을 제대로 할 수가 없습니다. 고산병이 심해지면 뇌세포와 폐세포도 부어 뇌부종, 폐부종이 발생합니다. 손발 부종이나 운동실조 현상도 같은 기전에 의해 나타납니다.

고산병 치료에 이뇨제인 아세타졸아미드를 처방하는

이유는 몸속의 물을 소변으로 내보내 부종을 줄이기 위해서입니다. 아무리 건강한 사람이라도 고산병을 완벽하게 이기지는 못합니다. 고산병의 유발 여부는 고산지대의 높이, 올라가는 속도, 고산병의 과거 병력 등과 연관이 있습니다. 고산지대에 오르자마자 나타나는 저산소증은 깊고 빠른 호흡과 혈압 상승을 통해 완화되지만 계속 그 상태를 유지할 수는 없습니다. 따라서 고산지대에 오른 뒤 일정 기간이 지나면 누구나 적혈구 생성을 늘려서 저산소증을 극복합니다. 운동선수들이 고산지대에서 벌어지는 경기에 대비해 미리 전지훈련을 하는 것은 적혈구를 증가시키기 위해서입니다.

안데스 산맥의 고산지대는 저지대보다 자외선이 강해 원주민들의 피부가 검붉고 쉽게 노화가 되며 환경도 척박해 사람들이 살기에 어려운 곳입니다. 도대체 이 높은 곳에 왜 올라갔을까요? 바로 더위 때문입니다. 안데스 산맥 주위의 열대 지역에 사는 사람들은 더위를 피해 고산지대로 이동해 거주하기 시작했고, 마야, 아즈텍, 잉카 등 여러 고산지대 문명을 이루었습니다. 이곳은 연중 기온이 일정하고 쾌적해 항상 봄 날씨와 같습니다. 그렇더라도 산소가 희박한 안데스 산맥 고산지대로 올라간 것이 옳은 판단인지는 모르겠습니다.

고산지대에 오른 후, 숨을 가쁘게 쉬는 것과 적혈구 생성을 증가시키는 것 중 어느 쪽이 더 저산소증을 극복하는 데 유리할까요? 이 두 변화는 모두 저지대로 내려오면 원래 상태로 돌아오는 가변적인 변화이므로 잠시 여행하는 사람들에게는 큰 고민이 되지 않습니다. 하지만 해발 4,000미터의 안데스 산맥이나 티베트 고원과 같은 고산지대에 사는 원주민들은 상황이 다릅니다. 항상 거기에 살아야 하니 저산소증을 극복하려면 어떤 변화이든 반영구적으로 갖추어야 합니다.

안데스 산맥 원주민의 혈액을 검사해보면 전지훈련을 한 운동선수들처럼 적혈구가 증가되어 있으며 이를 통해 저산소증을 극복하고 있습니다. 적혈구에 있는 헤모글로빈은 4개의 헴 분자와 하나의 글로빈 분자로 구성되어 있습니다. 헴 분자는 철을 갖고 있어서 산소와의 결합력이 좋습니다. 동맥피는 4개의 헴 분자 모두가 산소와 결합하고 있어서 산소 포화도가 100퍼센트에 달하며 정맥피는 4개의 헴 분자 중 3개만 산소와 결합하고 있어서 산소 포화도가 75퍼센트에 그칩니다. 차이가 나는 25퍼센트는 어디로 갔을까요? 동맥피가 실핏줄을 지나면서 25퍼센트의 산소를 말초조직세포에 준 뒤 정맥피가 되고, 정맥피는 허파에서 25퍼센트의 산소와 결합하고 다시 동맥피가 됩니다. 산소가 희박한 고산지대에서는 이 모든 수치가 낮아지는 저산소증에 빠질 수 있습니다. 안데스 산맥 원주민은 생명에 위협적인 저산소증을 적혈구 증가로 극복합니다.

하지만 또 다른 걱정거리가 있습니다. 적혈구가 증가하면 혈액응고가 쉽게 일어나 혈전증에 걸릴 위험이 높아지며 혈액이 걸쭉한 상태가 되어 심장이 혈액을 내보내기가 어려워집니다. 심장에 대한 부담은 심장질환으로 발전해 만성 피로감, 피부와 입술이 파래지는 청색증, 호흡 곤란, 두통 등의 '만성 고산병chronic mountain sickness'을 초래할 수 있습니다. 실제로 안데스 산맥의 원주민 상당수는 적혈구 증가로 인한 만성 고산병을 앓고 있으며, 심할 경우 주기적으로 정맥에서 혈액을 빼거나 일정 기간 동안 저지대로 내려오는 방법으로 치료하고 있습니다.

그런데 같은 고산지대라도 티베트 고원에 사는 원주민에서는 적혈구의 증가를 볼 수가 없습니다. 미국 유타대학교의 타툼 시몬슨Tatum S. Simonson 박사 연구팀은 2010년 「사이언스」에 티베트 고원 원주민이 고산지대에 살면서도 적혈구 생성이 증가하지 않는 이유에 대해 발표했습니다. 시몬슨 박사 연구팀은 티베트 고원 주민들이 'HIF-2αHypoxia-Inducible Factor 2-alpha'의 변이체를 갖고 있으며 이로 인해 저산소증이 되어도 적혈구 수가 증가하지 않는다고 주장했습니다. 미국 버클리대학교의 라스무스 닐센Rasmus Nielsen 교수 연구팀도 2010년 「사이언스」에 유사한 결과를 보고했습니다. 결국 티베트 고원 주민들은 혈액이 걸쭉하지 않아서 안데스 산맥 원주민이 겪는 만성 고산병을 겪지 않습니다.

그렇다면 티베트 고원 원주민들은 적혈구의 증가 없이 어떻게 저산소증을 극복할까요? 이들은 저지대나 안데스 산맥 원주민보다 항상 호흡이 빠르고 깊으며 폐활량이 큽니다. 더구나 혈액 속에 혈관을 이완시키는 일산화질소의 양이 많아서 주요 장기의 혈액 공급이 원활합니다. 티베트 고원 원주민들이 항상 숨이 찬 것처럼 호흡을 해 쉽지는 않겠지만 적혈구 과다로 인한 만성 고산병을 겪지 않는 것은 큰 장점으로 생각됩니다.

양쪽 원주민은 유전자의 돌연변이 덕분에 고원지대에 적응해 살게 된 것으로 추정됩니다. 안데스 산맥 원주민은 1만 1,000년 전부터, 티베트 고원 원주민은 3,000년 전부터 정착해 살아왔으니 살아온 기간이 길다고 꼭 유리한 것은 아닌 듯합니다. 이들에 대한 유전적 심층연구는 저산소증으로 고생하는 호흡기 환자나 심혈관 환자의 진단과 치료에 큰 도움을 줄 것입니다.

27

과욕이 금물인
과학적 이유

오래전에 강원도 홍천의 한 초등학교 분교에 강연을 하러 간 적이 있습니다. 기차와 택시를 갈아타고 도착한 분교는 작은 규모였지만 짜임새가 있었고 주위의 경관이 아름다웠습니다. 전교생은 12명이며 교장선생님과 각자 두 학년을 담당하시는 3명의 담임선생님 등 네 분의 선생님이 근무하셨습니다. 여느 때와 마찬가지로 미리 학생 수를 알아보고 선물로 고려대학교에서 제작한 학용품 12개를 갖고 갔습니다. 그런데 강의실에 들어온 학생은 11명이었습니다. 한 학생이 도지사 체육대회에 나갔기 때문이었습니다. 학생들에게 1시간 남짓 뇌 관련 강연을 하고 질문을 한 학생에게는 가지고 간 학용품을 준다고 했습니다. 강연 내용이 어렵지 않아 호응은 좋았지만 초등학교 1, 2학년 학생이 뇌 관련 내용을 듣고 질문을 하기란 쉬운 일이 아닙니다. 그럼에도 결국 11명의 학생 모두에게 질문을 하도록 하고 선물을 나누어 주었습니다.

강의를 마치고 가려는데 눈을 크게 뜨고 강의를 잘 듣던 1학년 학생이 고사리 같은 손으로 저를 붙잡았습니다. 그리고 "남은 학용품 하나 가지고 가실 거예요?"라고 물었습니다. "넌 이미 가졌는데 왜 그러니?" 했더니 그 아이가 쭈뼛쭈뼛하더니 "담임선생님께 드리고 싶어서요"라고 말했습니다. 저는 쇠망치로 머리를 맞은 것 같았습니다. 특목고나 여러 영재 학급에 강연을 수없이 다녔어도 이런 경험은 처음이었습니다. 교장선생님께 더 이상 가르칠게 없다고 말씀드리고 아이들을 어떻게 가르치셨냐고 역으로 여쭤보았습니다. 교장선생님이 주신 답은 "학생 수가 적어서 관심과 배려를 베풀기가 쉬워요"였습니다. 이 말씀은 이후 제 교육자 생활에 큰 밑거름이 됐습니다. 생각할 때마다 빙그레 웃게 만드는 경험입니다.

몇 년 전에 자문역을 맡고 있다는 이유로「과학소년」의 창간 20주년 기념 강연을 했습니다. 청중은 주로 초중고생으로 약 200명이었습니다. 이날도 질문을 한 학생들에게 고려대학교 학용품을 나누어 주었습니다. 강연을 끝내고 원하는 학생들과 기념 촬영을 하고 있는데 초등학교 저학년으로 보이는 한 학생이 다가와 "강연이 재미있어서 뇌를 공부하고 싶어졌어요"라며 고사리 같은 손에 쥐고 있던 미니 초코바를 건네주었습니다. 1시간이 넘는 강연 내내 얼마나 꼭 쥐고 있었던지 초코바는 녹아서 이미 원래의 모양이 아니었습니다. 아마도 자기의 모든 것을 내주는 마음이었을 것입니다. 평생 강연을 하고 받은 선물 중 이것이 최고라고 생각합니다. 미소가 머금어지는 추억입니다.

중학교 2학년 때의 생물선생님은 아직도 제 마음속의 스승님입니다. 학기 초 나른한 봄날 수업 시간에 선생님께서 "나뭇잎이 왜 초록색인지 아니?"라고 질문하셨습니다. 조금은 황당했지만 흥미를 자아내기에 충분한 물음이었습니다. 선생님이 알려주신 답은 엽록소가 태양광 가운데 파란색과 빨간색을 흡수해 광합성에 이용하고 초록색은 거의 흡수하지 않아서 반사하는 까닭에 식물이 초록색으로 보인다는 것이었습니다. 정신이 번쩍 들었습니다. 그렇다면 불빛의 색깔로 광합성을 조절할 수 있겠다고 생각해 집에 있는 지하실에서 혼자 다양한 색깔의 등으로 화분을 키우는 실험도 했습니다. 이후 생물 시간에 배우는 모든 게 신기하고 재미있었습니다. 결국 이를 계기로 의학을 그중에서도 기초 의학인 생리학을 전공하게 됐습니다. 생물선생님께 다시 한번 감사의 말씀을 드립니다.

동물은 종류마다 다양한 색깔을 띠지만, 식물은 꽃잎을 제외하면 대부분 초록색 잎을 갖고 있습니다. 모든 식물은 엽록소를 이용한 광합성을 해야 하기 때문입니다. 광합성은 탄소 1개를 갖고 있는 공기 중의 이산화탄소를 탄소 6개를 갖고 있는 포도당으로 만드는 작업입니다. 필요한 에너지는 태양빛에서 얻습니다. 엽록소는 엽록체 안에 있는 색소입니다. 엽록체는 10억 년 전쯤 광합성을 할 줄 아는 시아노박테리아가 식물세포에 들어가서 세포 내

공생을 한 결과라고 알려져 있습니다. 미토콘드리아 또한 산소를 이용할 줄 아는 홍색세균이 숙주세포(동물과 식물세포)에 들어가 변한 것입니다. 미토콘드리아로 변신한 홍색세균은 숙주세포에 들어온 산소를 이용하여 호흡이라는 과정을 통해 숙주세포에게 ATP를 제공합니다. 시아노박테리아와 홍색세균 모두 자신의 주특기인 광합성과 산소 이용을 협상 카드로 삼아 기업합병에 성공한 셈입니다.

엽록소에는 엽록소a, 엽록소b, 엽록소c, 박테리오클로로필 등이 있으며, 광합성을 하는 생물체들은 그 종류에 따라 각기 다른 엽록소를 갖고 있습니다. 물속에 사는 조류는 엽록소c와 엽록소d를, 세균은 박테리오클로로필을 가지고 있습니다. 식물이 가지고 있는 엽록소는 엽록소a로 초록색을 띱니다. 엽록소a는 일찍이 생물선생님이 말씀하셨듯이 태양광 가운데 650나노미터의 빨간색 파장과 450나노미터의 파란색 파장의 빛 에너지를 붙잡아 광합성을 합니다. 반면 500~600나노미터 구간의 초록색 파장을 편식을 하듯 흡수하지 않고 반사를 하는 까닭에 나뭇잎이 초록색으로 보입니다.

미국 캘리포니아 주립대학교의 트레버 아프Trevor B. Arp 박사 연구팀은 2020년 「사이언스」에 식물이 초록색을 띠는 이유가 태양 에너지로부터 스스로를 보호하기 위한 것이라고 보고했습니다. 아프 박사 연구팀은 식물이 태양광 중 중간 정도의 에너지를 가진 파란색과 빨간색 광만을 흡수하고 다량의 에너지를 가진 초록색 광을 거부하는 것은 햇볕이 강해질 때 태양 에너지의 급증에 의한 열 피해로부터 스스로를 보호하려는 것이라고 설명했습니다. 식물이 욕심에 눈이 어두워 에너지가 큰 초록색을 취했더라면 큰 낭패를 봤을지 모르는 일입니다. 식물이 우리에게 주는 교훈입니다. 이 결과로 인해 식물이 자연광 중 일부만을 편식한다는 누명에서 벗어날 수 있을 듯합니다. 결국 과유불급이라는 일반적인 진리가 나뭇잎 속에도 적용되고 있음을 알 수 있습니다.

생물선생님이 말씀해주셨던 내용을 발판으로 학문적 추적을 계속하다 보니 교육의 의미가 다시 한번 가슴에 와닿습니다. 100명의 학생에게 강의를 하고 나면 강의 전에는 하나뿐이던 지식이 101개가 됩니다. 어디에도 이런 흑자 경영은 없습니다. 교육의 묘미이기도 하지요. 집단 지성이 결코 거창한 것이 아닙니다. 제자의 제자인 고사리 손의 두 초등학생이 훌륭한 사람으로 성장하기를 빌겠습니다.

28

코로나는 우리 탓

코로나19로 지구촌이 들끓고 있습니다. 2003년에 중국을 덮친 사스와 2015년에 중동과 한국을 휩쓴 메르스도 코로나 바이러스입니다. '코로나corona'는 왕관이라는 뜻으로 바이러스 표면에 있는 스파이크 단백질이 왕관의 모양과 비슷해 붙여진 이름입니다. 코로나19 바이러스의 세포 침투는 스파이크 단백질이 폐와 심장 세포에 있는 'ACE2'와 결합하면서 시작됩니다. 어린아이들이 코로나19에 잘 걸리지 않거나 걸려도 증상이 심하지 않은 이유는 세포에 ACE2가 적기 때문입니다. 세포로 침투한 바이러스는 증식한 뒤 세포를 파괴하고 나와 주위의 새로운 세포에 다시 침투하는 것을 반복합니다. 자기가 살던 세포를 아무렇지도 않은 듯 파괴해버리는 것이 자연을 훼손시키는 인간과 흡사해 보입니다.

치사율과 전염성은 반비례 관계입니다. 환자가 사망하면 몸에 있던 바이러스도 함께 사라져서 더 이상 전염시킬 수 없습니다. 전형적인 예가 치사율이 40퍼센트로 높았지만 전염력이 낮았던 메르스 바이러스입니다. 2009년에 창궐했던 신종 플루는 치사율이 1퍼센트 이하로 낮아도 막강한 전염력을 바탕으로 우리를 괴롭혔습니다. 바이러스의 목적이 전염이라면 전염력이 강한 신종 플루 바이러스가 치사율이 높은 메르스 바이러스보다 성공한 셈입니다. 치사율이 낮으면 적당히 아픈 환자가 돌아다니면서 널리 전염시켜 바이러스의 복제를 도울 수 있기 때문입니다.

이번에 창궐한 코로나19는 몇 가지 면에서 학계를 긴장하게 만들었습니다. 무증상 상태에서 전염을 시키는 것이 그중 하나입니다. 증상이 나타나기 전에 전염되는 것은, 다른 바이러스에서는 쉽게 볼 수 없었던 현상입니다. 완치된 뒤 재감염되는 것도 의료진의 골치를 아프게 만드는 부분입니다. 좀 더 심각한 문제는 코로나19가 오미크론 등의 변이로 우리의 경험적 예측을 벗어날 정도로 빠르게 전염되어 환자가 폭발적으로 증가한 것입니다. 이로 인해 전 세계 모든 국가가 시한폭탄처럼 안고 있었던 의료체계의 약점이 들춰지면서 많은 사망자가 발생했고, 치사율이 전염력과 반비례한다는 법칙도 함께 무너졌습니다. 양이 질을 포함한 꼴이 된 것입니다. 우리가 겨우 할 수 있는 것은 백신을 맞은 뒤 마스크 쓰기와 사회적 거리 두기 정도이니 안타까울 따름입니다.

최근 미국 일리노이대학교의 아담 돌리잘Adam G. Dolezal 교수 연구팀은 2020년 「미국 국립과학원 회보」에 꿀벌들의 사회적 거리 두기에 대한 연구결과를 발표했습니다. 이 연구팀은 군집 생활을 하는 꿀벌들도 전염병을 퇴치하기 위한 전략으로 바이러스 유행 시 구강 대 구강의 영양 교환을 자제한다고 보고해 학계를 놀라게 했습니다. 대단한 곤충입니다.

코로나19의 중간숙주로 박쥐와 천산갑이 대두되고 있습니다. 박쥐에 있던 바이러스가 인류에게 전염된 사례는 이번이 처음은 아닙니다. 박쥐는 사스, 메르스 등 21세기의 주요 감염병을 일으킨 바이러스와 연관되어 있습니다. 사스 바이러스는 박쥐와 사향고양이를 거쳐 사람으로 전달되며, 메르스 바이러스는 박쥐와 낙타를 거쳐 사람에게 옮겨집니다. 코로나19는 정치외교적으로 의견이 분분하지만 박쥐와 천산갑을 거치는 것으로 알려져 있습니다. 박쥐는 음습한 동굴에서 대부분의 시간을 보내다가 먹이활동을 위해 잠시 동굴 밖으로 나오곤 합니다. 동굴 속에는 다양한 종류의 바이러스가 있어서 박쥐가 바이러스의 감염을 피하기가 어렵습니다.

캐나다 사스카치완대학교의 비크람 미스라Vikram Misra 교수는 2020년 「란셋Lancet」에 박쥐가 200종이 넘는 바이러스를 지니고 있다고 했습니다. 박쥐가 이렇게 많은 바이러스를 몸에 지니고도 무사할 수 있는 것은 바이러스가 몸속에 들어와도 면역 반응을 심하게 일으키지 않는 특이한 면역체계 덕분입니다. 과도한 면역 반응을 일으키지 않는 박쥐와, 박쥐 몸에서 조용히 지내다 다른 동물로 옮겨가는 바이러스는 공생 전략을 채택한 셈입니다.

반면 인간은 바이러스가 침입하면 면역 반응과 함께 체온을 올립니다. 바이러스가 고온에 약하다는 것을 이용하려는 전략입니다. 그런데 안타깝게도 면역 반응과 고온으로 바이러스를 공격하다 보면 우리의 세포도 함께 피해를 보게 됩니다. 과도한 면역 반응의 형태인 사이토카인 폭풍으로 인해 장기가 치명적으로 손상을 당하는 것이 한 예입니다. 미국 예일대학교의 아키코 이와사키Akiko Iwasaki 교수 연구팀은 2020년 「네이처」에 사이토카인 폭풍의 기전에 대해서 보고했습니다. 이 연구팀은 코로나19 바이러스가 면역체계를 교란시켜 항체가 정상 세포를 공격하게 하는 것이 사이토카인 폭풍의 주요 원인이라고 했습니다. 면역체계의 교란은 에이즈나 간염 환자에서도 보고된 바 있습니다.

박쥐가 바이러스의 저장고처럼 보여도 인류에게 직접 찾아와 바이러스를 건네지는 않습니다. 코로나19는 인간이 박쥐와 천산갑을 잡아먹는 등 그들에게 가까이 갔기 때문에 전염된 것으로 추정됩니다. 박쥐나 천산갑 입장에서 보면, 잘못된 보양문화 탓에 인간에게 잡아먹히는 것도 억울한데 전염병의 원인이라는 누명까지 쓰니 답답할 것 같습니다. 인간이 무분별하게 개발해 야생동물의 서식지가 사라지는 것 또한, 야생동물의 몸 안에 있는 바이러스가 우리에게 가까이 오게 하는 원인이 될 수 있습니다. 문제는 인간에게 있었습니다. 안타깝지만 코로나19 창궐의 상당 부분은 우리 탓입니다.

29

치매와 면역 노화의
공통점

몸이 성장하듯이 면역 시스템도 계속 변합니다. 신생아의 면역 시스템은 아직 미성숙 상태라 기능이 완전하지 않지만 다행히 태아 때 엄마에게서 받은 항체가 도움을 줍니다. 신생아는 엄마의 모유를 통해서도 항체를 받습니다. 모유 수유가 필요하다고 하는 이유 중의 하나입니다.

노령층의 면역 시스템도 신생아처럼 기능이 완전하지 않습니다. 일명 면역 노화입니다. 우선 '자기'와 '비자기'를 구별하는 능력이 떨어집니다. 노령층에서 자기의 세포를 남의 세포로 오판해 발생하는 자가면역질환이 많은 이유입니다. 나이가 들면 비자기 세포인 세균이나 암세포를 먹어 치우는 대식세포와 자연살해세포의 기능도 약화되어 각종 감염이나 암이 빈발합니다.

노령층은 항원의 정보를 기억하는 T임파구의 기능도 떨어지며, T임파구의 텔로미어 길이가 짧아져서 재생 능력마저 줄어듭니다. 기억을 담당하는 T임파구는 항원을 경험한 T임파구와 앞으로 기억을 담당할 처녀 T임파구로 구성됩니다. 살아가면서 T임파구가 여러 가지 항원을 기억하므로 나이가 들수록 항원을 경험한 T임파구는 늘어나고 그만큼 처녀 T임파구는 줄어듭니다. 문제는 T임파구가 기억하고 있는 항원의 상당수는 병원성이 높지 않아서 앞으로 크게 필요하지 않다는 것입니다. 아깝게도 T임파구를 낭비하고 있는 셈입니다. 결국 나이가 들면 처녀 T임파구가 감소하고 재생 능력마저 줄어드니 어쩔 수 없이 새로운 항원에 대한 기억 능력이 부족하게 됩니다. 노령층에서 백신의 효능이 떨어지는 이유와 노령층이 추가 접종을 받아야 하는 이유가 바로 이것입니다. 늙기도 서러운데 면역 시스템까지 말썽입니다.

독일 본대학교의 안나 아쉔브레너Anna Aschenbrenner 박사는 2020년 「네이처 면역학Nature Immunology」에 CRELD1 유전자의 활성도가 낮은 사람에게서 면역 노화의 특징이 더 보인다고 보고했습니다. 주요 면역세포인 T임파구의 CRELD1이 결여되면 T임파구의 증식 능력이 떨어져 쉽게 면역 노화로 발전합니다. 노령층에서 면역 노화가 나타나면 바이러스 등의 감염질환이나 암, 알츠하이머병 등에 취약하며, 코로나19에도 잘 걸리는 것으로 확인됐습니다. 어떻게 덜 필요한 '기억 T임파구'를 줄이고 그 자리에 '처녀 T임파구'를 채워놓을 수 있을까요? 젊은이들처럼 말입니다.

치매는 뇌세포의 감소로 인해 기억, 언어, 판단 등 인지기능이 떨어지는 질환입니다. 치매에는 알츠하이머병이라 불리는 노인성 치매와 중풍 등으로 인해 생기는 혈관성 치매가 있습니다. 알츠하이머병은 원인 미상의 신경퇴행성 질환으로, 전체 치매의 50~60퍼센트를 차지합니다. 뒤이어 20~30퍼센트를 차지하는 혈관성 치매는 뇌혈관이 막히거나 터져 뇌세포가 죽으면서 발생하는 치매입니다. 나머지는 알코올이나 뇌염 등 기타 원인에 의한 치매입니다. 인간의 기억력은 16~18세까지 향상되다가 그 이후부터 떨어지기 시작해 대체로 40대에 들어서면서 건망증이 시작됩니다.

물론 사람마다 차이는 있습니다. 대부분의 기억력 저하는 뇌신경세포를 죽이는 베타 아밀로이드라는 독성 물질이 쌓이면서 시작됩니다. 흡연이나 기름진 음식을 자주 먹는 식습관 등으로 뇌혈관이 좁아지면 기억력 감퇴도 빨리 옵니다. 혈관이 좁아지면 기억을 담당하는 해마에 영양을 제대로 공급하지 못하며 베타 아밀로이드 등 노폐물을 제거하지 못해서 뇌세포 수가 감소하기 때문입니다. 스트레스도 기억력을 감퇴시킵니다. 스트레스호르몬인 코티솔이 해마의 뇌세포를 파괴시키기 때문입니다.

기억은 입력-저장-회상의 과정을 거쳐 이뤄집니다. 대부분의 기억력 저하는 회상 단계가 잘 안 되어 나타납니다. 우리가 자주 쓰는 기억이 나지 않는다는 표현이 회상이 되지 않는다는 말입니다. 외부에서 입력되는 정보는 대뇌피질을 거쳐 뇌의 곳곳에 저장되며, 저장된 정보를 꺼내는 회상은 전전두엽과 해마 등에서 담당합니다. 영어 단어를 외울 때 쓰기, 읽기, 보기, 듣기를 반복하는 것은 다양한 자극으로 기억을 촉진시키기 위해서입니다. 그러나 뇌의 기억 용량은 한계가 있으므로, 기억된 양이 많을수록 기억할 수 있는 여분은 줄어듭니다. 노령층이 되면 해마의 뇌세포마저 줄어드니 새로운 것을 받아들이는 능력의 저하는 당연해 보입니다.

노령층이 보이는 면역 노화와 기억력 저하에는 공통점이 있습니다. 우선 노화로 인해 T임파구와 해마의 뇌세포가 감소되는 것입니다. 면역 기능이나 기억력이 떨어질 수밖에 없는 기본적인 이유입니다. 다른 하나는 기억의 효율성 여부입니다. 크게 도움이 되지 않는 기억으로 인해 기억할 수 있는 공간이 줄어드는 것입니다. 어떻게 이 상황을 막을 수 있을까요? 답은 운동입니다. 규칙적인 운동을 하면 노화된 T임파구가 줄어들고 T임파구의 텔로미어 길이가 길게 유지되어 처녀 T임파구의 수와 기능이 증진됩니다. 이는 운동이 면역의 노화를 막아 젊게 만들어

준다는 의미로, 각종 백신에 대한 효과를 증진시키는 것은 물론 암이나 각종 성인병을 억제해줄 것입니다.

1990년대까지만 해도 뇌세포는 재생되지 않는다고 믿었습니다. 그러나 최근에는 해마의 신경세포가 재생되며 이는 기억력의 향상과도 관련이 있다고 밝혀지고 있습니다. 미국 하버드대학교의 루돌프 탄지Rudolph E. Tanzi 교수 연구팀은 2018년 「사이언스」에 발표한 논문에서 운동이 마이오카인 중 하나인 '뇌유래 신경성장인자brain-derived neurotrophic factor'의 분비를 증가시켜 해마의 신경세포를 재생시키고 기억력을 향상시킨다고 보고했습니다.

인간은 400~500만 년 걸려 직립 보행을 완성하면서 몸의 균형과 손의 사용을 위해 근육의 정밀한 조정과 큰 뇌의 작용이 필요하게 됐습니다. 따라서 많은 에너지가 필요해졌고 영양가가 높은 먹이를 얻기 위해 새로운 곳을 찾아다니면서 언제, 어디서, 얼마만큼의 먹이를 얻을 수 있는지 기억해야 했습니다. 외부에 노출되는 경우가 많아서 좀 더 많은 병원체에 맞서 싸우는 면역 시스템이 필요하기도 했습니다.

최근 들어 치매 환자가 증가하는 이유는 수명이 늘어났기 때문입니다. 현대인이 운동 부족으로 해마의 신경세포를 제대로 재생시키지 못하는 것도 또 하나의 이유입니다. 운동 부족은 면역세포에도 그대로 적용되어 면역 노화를 일으킵니다. 어떤 운동이 뇌 건강과 면역에 도움이 될까요? 논란이 있지만, 조상들이 살았던 삶의 형태에 답이 있을 것입니다. 먹거리를 얻기 위해 끊임없이 걷고 달렸던 유산소 운동에서 답을 찾으시기 바랍니다.

30

우리의 판단을
믿어도 될까요?

'인간은 왜 위험한 자극에 끌리는가?Supernormal Stimuli'
미국 하버드대학교 디어드리 바렛Deirdre Barrett 교수가 쓴
책의 제목입니다. 바렛 교수는 현대인이 기름진 음식, 설
탕, 소금에 집착하는 이유를 400~500만 년 전 사바나 생
활에서부터 찾았습니다. 인간은 생존에 꼭 필요하지만 얻
기 힘든 영양소들을 구하려는 방향으로 진화해왔습니다.
바렛 교수가 지적한 문제점은 인류의 진화는 아주 느리
지만 1만 년 전 농사짓기부터 최근 폭발적으로 성장하는
먹거리 산업까지의 발전 속도는 엄청나게 빠르다는 것입

니다. 인간이 품고 있던 음식에 대한 집착은 더 강렬한 자극을 추구하고 먹거리 산업은 이에 적극 호응해 우리를 개미지옥 같은 해악으로 몰아넣고 있습니다. 이대로 가면 결론은 정해져 있습니다. 비만입니다.

지구 상에서 비만을 걱정하는 동물은 딱 두 종류뿐입니다. 인간과 인간이 키우는 반려동물입니다. 초원에서 추격전을 벌이고 있는 치타와 톰슨가젤은 간발의 차이로 승패가 갈립니다. 어느 쪽이든 약간의 비만 기미만 있으면 속도가 늦어져 패자가 됩니다. 초식동물들은 초원에 풀이 무진장 있어도 어느 정도 이상을 절대로 먹지 않습니다. 도망갈 상황이 벌어졌을 때 폭식으로 무거워진 몸은 걸림돌이 될 수 있습니다. 치타의 사냥 성공률은 겨우 20~30퍼센트 정도로 10번의 사냥 중 7~8번은 대가도 없이 죽도록 추격을 하는 셈입니다. 엄청난 운동량으로 인해 비만일 틈이 없겠지요. 만일 치타가 비만이라면 사냥 성공률이 낮아질 테고 제대로 먹지 못해 원래의 몸무게로 돌아오면 다시 사냥에 성공하기 시작할 것입니다.

치타가 반려동물로 키워진다면 비만으로 인한 사냥 성

공룡의 추락은 불을 보듯 뻔합니다. 사냥에 실패하면 불쌍한 마음에 주인은 먹이를 줄 테고 비만은 그대로 유지될 것입니다. 인간이 반려동물을 제대로 위하고 있는 것인지, 혹시 인간에 맞추어 재단을 하듯 반려동물을 키우고 있지는 않은지 생각해봐야 할 부분입니다. 배가 늘어진 채로 우리의 주위를 어슬렁거리며 돌아다니는 개나 고양이를 보면 우리가 자연에 지나친 간섭을 하고 있다는 생각이 듭니다. 호모 사피엔스의 뜻이 현명한 사람이지만, 인간과 반려동물의 비만은 우리가 진짜 현명한 사람인지 의심하게 만듭니다. 지구의 총 생물량 중 일부에 불과한 인간이 환경의 중요성은 뒤로하고 지구 에너지의 상당 부분을 독차지하려고 합니다. 우리가 지구의 주인이라고 생각한다면 그것은 착각입니다.

지구에서 살고 있는 것들 중 인간과 바이러스를 뺀 어떤 것도 자기가 사는 환경을 파괴하지 않습니다. 최근 들어 코로나19 덕분에(?) 많은 사람들이 바이러스에 대한 전문적인 학술 내용과 다양한 의학 정보를 공유하게 됐습니다. 코로나19 바이러스의 복잡한 전염 경로와 새로운 백신 개발 과정은 물론, 바이러스가 자기가 살고 있던 세포를 파괴한다는 사실도 자세하게 알게 됐지요. 코로나 19 바이러스는 우리 몸에 들어와 'ACE2'가 있는 세포를 찾아다닙니다. ACE2가 있는 세포를 발견하면 바이러스는 자기의 세포막에 있는 왕관 모양의 스파이크 단백질과 ACE2와의 결합을 통해 세포에 진입한 뒤 복제를 반복하며 증식합니다. 일정 기간이 지나 다량으로 증식된 바이러스는 그 세포에서 더 이상 얻을 게 없다고 판단되는 순간 세포를 파괴하고 나와 다른 세포를 찾아갑니다. 자신을 키워준 세포를 파괴하는 배은망덕한 행동입니다.

혹시 세포를 파괴하는 바이러스의 행동이 무모해 보이지는 않으시나요? 바이러스가 증식과 파괴를 반복하다 마지막 세포까지 파괴하면 환자는 죽을 테고 바이러스도 함께 사라질 것이기 때문입니다. 물론 다른 사람에게 전염된다면 코로나19 바이러스는 복제를 계속하며 생을 유지할 수 있겠지요. 인간도 바이러스처럼 자기가 살아가는 환경을 파괴하고 있습니다. 그런데 인간이 바이러스보다 불리한 점이 하나 있습니다. 우리에게는 옮겨갈 다른 지구가 없다는 것입니다. 바이러스는 환자의 기침을 통해 다른 개체로 옮겨갈 수 있지만 우리에겐 옮겨갈 곳이 없으며 이곳이 처음이자 마지막입니다. 인간이 바이러스보다 더 우매하고 무모해 보이는 이유입니다.

"나이가 들면 혈압이 높아지는 게 정상이야. 나이가 들면 다 그래." 우리가 자주 하거나 듣는 말입니다. 노화 현상을 정상이라고 생각한다면 이 말은 맞습니다. 그러나 나이가 들어 혈압이 높은 것은 병이 아니라 노화에 의한 자연 현상이라고 강변하면서 치료를 기피한다면 생각을 바꾸어야 합니다. 나이가 들면서 눈이나 귀가 어두워지는 것도 노화 현상입니다. 돋보기와 보청기는 쓰면서 고혈압에 대한 치료만 기피한다면 이치에 맞지 않습니다. 시각이나 청각처럼 미각도 노화 현상이 나타납니다. 할머니의 음식이 맛은 있지만 대체로 짰던 이유가 할머니의 미각이 둔해져서 조리 도중 소금을 많이 넣으셨기 때문입니다. 손자, 손녀는 국을 찌개로 삼아 조금씩 먹으면 문제가 없지만, 정작 할머니는 고혈압 때문에 싱겁게 드셔야 하는데 둔해진 미각으로 인해 많은 소금을 드시게 됩니다.

안타깝게도 우리는 감각이 무디어지면서 죽어가는 것입니다. 먹고 싶은 대로 먹고 몸이 원하는 대로 행동하는 것이 자연의 섭리이고 건강을 유지하는 데 이롭다고 굳게 믿는다면 다시 한번 고려해보시기 바랍니다.

우리는 기억한 지식을 바탕으로 여러 가지 판단을 합니다. 그런데 대부분의 사람은 자신의 지식이 아직 부족하거나 기억력이 감퇴하고 있다는 사실을 인정하면서도 자신의 판단은 항상 옳다고 고집을 부립니다. 주위에서 나이가 들어 기억력이 감퇴하면서 고집이 더 세지는 분을 많이 보았을 것입니다. 남의 일이 아닙니다. 우리는 우리를 믿어도 될까요?

31

인간의 뇌가 커진 이유

초기 인류는 600만 년 전 침팬지에서 갈라졌습니다. 이후 인류의 뇌는 4배나 커졌습니다. 처음에는 느리던 뇌의 팽창 속도가 200만 년 전 빠른 증가세를 나타냈으며 150만 년 전쯤에는 약간 주춤했지만 증가세는 계속됐습니다. 그러나 3,000년 전부터는 뇌의 크기가 급격하게 줄어들기 시작했습니다. 뇌의 진화는 '무엇이 우리를 인간으로 만들었는가?'와 같은 다소 근본적이면서 철학적인 주제와도 관련이 있습니다. 뇌의 크기가 변한 이유는 무엇일까요? 먹은 음식이 변해서일까요, 아니면 음식을 해

먹는 방법이 바뀌어서일까요? 둘 다 아니라면 끊임없이 사회적 문제를 해결해왔기 때문일까요?

초기 인류는 키가 1미터 남짓으로 큰 어금니와 긴 턱을 지니고 있었습니다. 초식동물처럼 풀이나 나뭇잎을 먹어왔다는 증거입니다. 키와 같이 뇌도 크지 않았습니다. 체구가 작았던 초기 인류는 다른 동물과의 먹이 경쟁에서 밀릴 수밖에 없었을 것입니다. 기후가 나빠서 풀과 숲이 줄어들었을 때 살아남기 위해 새로운 먹거리인 고기에 관심을 둔 것 같습니다.

스페인 콤플루텐세대학교의 마누엘 도밍게스 로드리고Manuel Domínguez-Rodrigo 교수 연구팀은 2012년 「플로스원」에 인류는 적어도 150만 년 전부터 고기를 먹었을 것으로 추정했습니다. 이후 소화효소는 채식 전용에서 육식도 가능한 형태로 바뀌었으며 소화기관의 길이는 채식을 하는 다른 영장류의 반에 가깝게 줄어들었습니다. 반면 에너지가 높은 육류를 먹은 관계로 뇌의 크기는 커졌습니다. 소화기관에 갈 에너지를 뇌의 크기를 키우는 데 사용했다는 '뇌-장의 균형brain–gut trade-off' 설이 대두되는 이유입니다. 인류가 육식을 하면서 모유의 영양이 좋아져 아이에게 모유를 먹이는 기간이 짧아졌습니다. 이와 함께 출산 터울도 짧아지면서 출생률이 높아졌습니다. 사람 수의 증가로 무리가 커지고 활발한 소통과 교류로 인해 뇌 발달이 가속화됐을 것입니다. 다만 발견된 화석이 제한적인 관계로 다수가 고기를 먹었는지와 그것이 뇌의 진화에 영향을 주었는지는 분명하게 결론을 내기가 어렵습니다.

뇌의 무게는 몸무게의 약 2퍼센트에 불과하지만 소모하는 에너지의 양은 전체 소모량의 20퍼센트가 넘습니다. 단위 무게로 계산하면 뇌가 다른 장기의 10배나 되는 에너지를 쓰고 있는 셈입니다. 특히 뇌는 다른 장기와는 달리 지방과 단백질을 거부하고 유독 최고급 에너지인 포도당만 고집합니다. 식사 후 달달한 디저트에 집착하는 이유가 뇌가 꾸민 계략 때문이 아닌지 의심됩니다.

미국 뉴욕대학교의 알렉스 드카시엔Alex R. DeCasien 교수 연구팀은 2017년 「네이처 생태와 진화Nature Ecology & Evolution」에 영장류의 뇌 크기는 사회관계보다는 먹이의 종류에 의해 결정된다고 보고했습니다. 드카시엔 교수 연구팀이 영장류의 먹이와 뇌 크기를 비교 분석한 결과 과일을 먹는 군이 나뭇잎만 먹는 군보다 큰 뇌를 가지고 있으며, 잡식을 하는 군도 나뭇잎만 먹는 군보다 뇌가 컸습니다. 영장류의 뇌가 발달하는 데 먹는 것, 특히 포도당이 많은 과일을 먹는 게 중요하다는 연구결과입니다. 풀이나 나뭇잎과는 달리 과일을 먹으려면 과일이 언제, 어디서, 얼마나 열리고 익는지를 기억해야 합니다. 머리가 나쁘면 과일을 먹기 어렵다는 것도 결과적으로는 뇌 진화에 영향을 미쳤을 듯합니다.

인간이 다른 동물과 크게 다른 점은 불을 이용해 요리를 할 수 있다는 것입니다. 아마도 처음에는 우연히 일어난 산불 따위의 자연 화재를 계기로 익혀 먹는 방법을 터득했겠지요. 화재 후 통구이가 된 동물의 고기를 누군가 용감하게 먹어본 것이 계기가 되었을 것입니다. 맛있게 익은 고기가 소독까지 되었으니 음식의 신세계가 열린 셈입니다. 미국 조지워싱턴대학교의 앤드류 바Andrew Barr 교수 연구팀은 2022년 「미국 국립과학원 회보」에 인간이 무엇을 먹었는지보다는 불을 이용한 것이 인간의 뇌를 크게 했다고 보고했습니다. 바 교수 연구팀은 원시 인류가 불을 잘 다루어 음식을 익혀 먹은 것이 뇌를 크게 만든 원인일 수 있다고 밝혔습니다. 같은 음식이라도 익혀 먹으면 소화나 흡수가 잘되어 여분의 영양분으로 큰 뇌를 만들 수 있습니다. 더구나 식사 시간이 줄어들어서 남는 시간에 사냥이나 채취를 더 할 수 있고 문화와 문명을 발전시킬 수도 있습니다. 처음으로 불을 사용한 인류는 200만 년 전 뇌의 빠른 팽창 속도를 보였던 '호모 에렉투스'입니다.

생명체의 새로운 구조나 생명 현상은 거의 대부분 유전자의 돌연변이와 관련이 깊습니다. 인류의 뇌도 돌연변이에 의해 커졌을 가능성이 높습니다. 미국 산타크루즈 유전학연구소의 이안 피데스Ian T. Fiddes 박사 연구팀은 2018년 「셀Cell」에 뇌를 크게 만드는 세 가지 유전자를 찾아내 보고했습니다. 피데스 박사 연구팀이 관심을 둔 것은 뇌세포 사이에서 정보를 주고받는 '노치 시그널링Notch signaling'이었습니다. 연구팀이 영장류와 고대 인류를 비교 분석한 결과, 세 가지의 돌연변이 '노치-2' 유전자군이 뇌를 크게 한 요인이라고 주장했습니다. 이 돌연변이가 출현한 시점도 불을 처음으로 이용한 호모 에렉투스가 나왔던 약 200만 년 전으로 추정됩니다.

끊임없이 커지던 인류의 뇌가 주춤하더니 3,000년 전부터 급속히 작아지기 시작했습니다. 이에 대해 몸집이 작아지면서 뇌도 함께 작아졌기 때문이라는 주장이 있습니다. 가축화 현상 때문이라는 주장도 대두되고 있습니다. 가축화는 개나 고양이가 길들여지면서 치아와 두개골이 작아지고 꼬리가 짧아지는 등의 생태학적인 변화를 일으킨 것을 말합니다. 인간도 과거 선조보다 덜 공격적이면서 두개골이 작아지고 눈두덩이가 덜 튀어나왔습니다. 그러나 이 두 주장은 이견이 많아 논란의 여지가 있습니다.

미국 다트머스대학의 제레미 드실바Jeremy M. DeSilva 교수 연구팀은 2021년 「생태와 진화의 최전선Frontiers in Ecology and Evolution」에 인류의 뇌가 3,000년 전부터 급속히 줄어들기 시작한 것은 집단지성에 의존했기 때문이라는 새로운 주장을 했습니다. 드실바 교수 연구팀은 개미연구를 통해 집단의 인지 능력과 역할 분화의 정도에 따라 개미의 뇌 크기가 달라진다는 사실을 알아냈습니다. 집단이 지식을 공유하고 각 개체의 역할이 정확하게 나누어질수록 뇌는 작아진다는 것입니다. 사람과 개미는 완전히 다른 경로를 거쳐 사회적 진화를 이루었지만 집단적으로 의사를 결정하거나 분업을 한다는 면에서는 너무도 유사합니다. 드실바 교수 연구팀은 인간도 사회가 집단지성에 의존할수록 뇌의 크기가 줄어든다고 했습니다. 개체가 집단과 지식을 공유함으로써 뇌의 크기를 줄여 효율성을 높였다는 것입니다.

잘 익은 과일을 즐겨 먹는 과일박쥐, 엄청난 양의 꿀을 먹는 벌새, 육식만을 고집하는 사자나 호랑이, 썩어서 요리된 듯 먹기 편한 고기를 즐기는 하이에나, 진사회성을 보이는 흰개미, 이들 모두가 뇌를 크고 좋게 만들 수 있는 조건을 갖추었음에도 불구하고 그러지 못한 이유가 분명히 있을 것입니다. 인류의 뇌는 태아의 두개골이 산모의 질을 무사히 통과해야 하기 때문에 크기에 제한이 있습니다. 이를 보완하기 위해 인류는 뇌 속 깊이 주름을 만들어 대뇌피질의 표면적을 넓혀왔습니다. 인류가 뛰어난 머리로 뇌의 진화에 대해 좀 더 정확히 밝혀주기를 기대해봅니다.

32

좋은 관계를 만드는
생물학적 비법

반복 자극에 대한 신경계의 반응은 크게 두 가지로 나타납니다. '민감화sensitization' 반응과 '둔감화desensitization' 반응입니다. 같은 자극에 반복적으로 노출될 때 반응이 점점 강화되면 민감화이고 반응이 약화되면 둔감화입니다. 생명체는 들어오는 자극이 기억해둘 필요가 있다고 판단되면 민감화 반응을 보이고 좀 더 강한 자극을 원하면 둔감화 반응을 보입니다.

노래를 들으면 들을수록 익숙해지면서 점점 좋아지면 민감화가 나타난 것입니다. 초기에 치료되지 않은 통증이 시간이 지나면서 만성 통증으로 발전하는 것도 환자에서 흔히 볼 수 있는 통각신경계의 민감화 반응입니다. 아토피를 앓고 있는 아이들의 피부가 나무껍질처럼 되는 이유는 가려움신경계의 민감화에 의해 만성적으로 긁었기 때문입니다. 모기에 물려서 잠시 가려운 것으로 피부가 그렇게 되지는 않겠지요. 반면 한 번 들은 우스갯소리를 다시 들으면 감흥이 떨어집니다. 이는 둔감화에 해당됩니다. 재래식 화장실에 들어가면 처음에는 죽을 맛이지만 조금 지나면 참을 만한 것도 후각신경계의 둔감화 현상 때문입니다. 인간의 욕심에는 끝이 없다는 성인들의 말씀 속에는 현재에 만족하지 못하는 둔감화의 반응이 내포되어 있습니다.

결혼을 앞둔 신랑 신부는 서로 보면 볼수록 점점 좋아지지요. 민감화의 극치입니다. 그런데 이 기분이 얼마나 오래 갈까요? 결혼식 때의 기분이나 그보다 더 나은 기분으로 사는 사람은 많지 않습니다. 일부이기는 하지만, 부부가 살다 보면 차츰 원수가 되기도 합니다. 왜 결혼을 했나 후회할 때도 있지요. 서로를 쳐다봐도 옛날의 감흥을 찾아볼 수가 없는 것으로 보아 둔감화 반응이 나타난 것이며, 아주 심하면 나쁜 감정의 민감화로 발전할 수 있습니다.

다행히도 시간이 조금 지나면 아기가 태어나고 아기의 재롱에 이런저런 것들을 모두 잊고 생애 최고의 행복을 느끼게 됩니다. 자고 일어나면 아기가 새로운 행복을 준비하고 있으니 결혼할 때 느꼈던 좋은 감정의 민감화가 다시 시작된 것입니다. 자식은 이 시기에 부모에게 평생 해야 할 효도의 대부분을 다 하는 것 같습니다. 아기가 조금 자라면 질문을 하기 시작합니다. 부모의 인내력을 시험하듯이 질문을 위한 질문처럼 끝도 없이 "왜?"를 반복합니다. 부모는 답해주는 내용이 아기의 기억에 조금이라도 남기를 기대하며 정성을 다해 대답을 해줍니다.

그러나 그것도 잠시, 사춘기에 들어선 일부의 자식은 부모의 마음에 차지 않는 말썽꾸러기로 변해갑니다. 대들기가 일쑤입니다. 가장 가까워야 할 배우자가 변한 것처럼 자식도 남보다 못하게 변해갑니다. 좋은 감정에 대한 민감화는 사라지고 서로를 포기하듯이 둔감화의 나락으로 떨어집니다. 무엇이 문제일까요? 결혼하면서 부부가 서로 상대방에게 무엇인가를 얻으려고 작정했기 때문에 그렇게 된 것입니다. 목적을 갖고 접근한 것처럼 부부가 서로 얻으려고만 하면 불만족스러울 수밖에 없습니다. 자식도 마찬가지입니다. 자식에 대한 기대치를 설정해놓으면 그 수준에 도달할 때까지는 자식에게 계속 요구할 수밖에 없습니다. 배우자에게 얻으려고 했던 것과 크게 다르지 않습니다.

이 문제의 해결책은 얻으려고만 하지 말고 상대방을 배려하며 베푸는 것입니다. 상대방이 베풀어서 얻은 것과 내가 뺏듯이 얻은 것은 같은 결과라도 실제로는 전혀 다릅니다. 이기적인 사람이 남을 배려하는 사람보다 더 많이 가질 수 있습니다. 하지만 남을 배려하는 사람들의 집단이 이기적인 사람들의 집단보다는 더 발전할 것입니다. 어떤 배우자로, 어떤 부모로 살 것인지는 스스로 결정할 수 있습니다.

신혼 때처럼 서로가 좋을 때는 상대방이 부드럽고 인자한 부처님처럼 보입니다. 하지만 안타깝게도, 이 마음은 피상적으로 나타나는 서로의 장점만을 보고 있기 때문일 수 있습니다. 돌부처상의 경우, 멀리서 보면 인자하게만 느껴지지만 가까이에서 자세히 보면 돌로 만들어진 부처님의 얼굴이 얽었음을 알 수 있습니다. 부부가 살을 맞대고 가까이 살다 보면 미처 알지 못했던 상대방의 단점을 발견하게 됩니다. 얽은 부처님의 얼굴보다 더 심하게 느껴질지도 모르지요. 그러나 이때 서로의 마음속 깊은 곳을 들여다보면 그곳에서 부처님과 같은 넓고 깊은 마음을 만날 수 있습니다. 어떤 것이든 자세히 알게 되면 사랑할 수밖에 없습니다. 내 자신도 내 마음에 들지 않을 때가 많은데 어떻게 남이 내 마음에 꼭 들겠습니까? 상대방을 정확하게 알아보고 그 입장이 되어 상대방을 배려하면서 모든 일을 생각하기 바랍니다.

신랑과 신부는 부모님보다 더 많은 지식을 갖고 있을지 모릅니다. 전문직이라면 더욱더 그렇겠지요. 그러나 이것 하나는 분명히 알아두어야 합니다. 세상에서 부모님만큼 자식에 대해 잘 아는 사람은 없습니다. 내리사랑은 쉬워도 효도는 어렵다는 건 누구나 잘 알고 있습니다.

자식이 하던 질문에 빠짐없이 대답해주셨던 부모님이 치매에 걸리시면, 자식이 어렸을 때 했던 것처럼 질문을 반복적으로 하실 수 있습니다. 부모님이 해주신 대답의 반만이라도 해드릴 마음을 갖기 바랍니다. 치매를 예방하는 수칙으로 보건복지부에서 권하는 것은 '일주일에 3번 이상 걷는 운동하기', '생선과 채소 골고루 먹기', '독서와 글쓰기' 등 세 가지와 함께 '가족이나 친구와 자주 연락하기'입니다. 부모님께 자주 연락을 드리면 훗날 부모님이 질문을 반복해서 하시는 불상사를 방지할 수 있을 것입니다.

여러분은 누구를 제일 사랑하나요? 부모님, 배우자, 자식… 그러나 안타깝게도 여러분은 이들 모두와 여러분 인생의 반만 같이 삽니다. 부모님은 일찍 보내드려야 하고, 대부분의 부부는 성인이 되고 나서야 만납니다. 자식과도 늦게 만났으니 마찬가지입니다. 있을 때 잘해야 한다는 말이 빈말이 아닙니다.

33

복식호흡의 모든 것

골격근이 내 마음대로 되지 않을 때가 있습니다. 추워서 사시나무 떨 듯 떨릴 때는 멈추려 해도 멈출 수가 없습니다. 골격근에 대한 주도권이 대뇌피질의 운동중추에서 체온을 높이려는 시상하부의 '떨림중추shivering center'로 넘어갔기 때문입니다. 성인에서는 떨림이 체온을 올리는 데 효과적이지만 어린아이들은 떨림중추가 제대로 작동되지 않아서 추운데 노출되면 쉽게 저체온증에 빠질 수 있습니다.

병적인 상황이기는 하지만 간질 환자의 경우에도 골

격근이 말을 듣지 않기는 마찬가지입니다. 간질은 환자의 의지와 상관없이 골격근이 강하게 수축하는 질환으로, 전신적으로 나타나면 혈액이 한꺼번에 심장으로 향해 혈압이 급격하게 오를 수 있습니다. 턱의 근육이 심하게 수축하는 경우에는 치아가 손상되거나 혀가 크게 다치기도 합니다. 구토나 딸꾹질을 할 때도 의지와는 전혀 상관없이 복근이나 호흡근이 반복해 수축을 합니다.

다리에 쥐가 났던 경험이 있으신가요? 국가대표 축구 선수들이 경기를 열심히 뛰다 보면 다리에 쥐가 나는 경우가 속출합니다. 손이 아닌 다리에 그것도 대부분 후반전이 끝나갈 때쯤 나타나는 것을 보면 운동량과 관련이 있는 듯합니다. 쥐가 나는 이유는 과격한 운동으로 인해 ATP가 낮아져서 경련 형태로 수축이 유발되기 때문입니다. 당연히 내 의지와 상관없는 수축입니다.

지금 책을 읽고 있는 동안 호흡을 의식하고 계시나요? 우리는 잠을 자거나 일상생활을 할 때에 호흡을 의식적으로 하지는 않습니다. 고맙게도 연수에 있는 호흡중추가 다 알아서 해주기 때문입니다. 호흡중추는 대뇌피질의 간

섭 없이도 호흡에 대한 자동능을 가지고 있습니다. 너무 나도 중요한 호흡이 우리의 의지와는 전혀 상관없이 이루어지고 있습니다. 믿을 수 없는 주인에게 맡기기가 불안했던 것 같습니다.

연수의 호흡중추에는 흡식중추와 호식중추가 있습니다. 흡식중추는 가슴과 배 사이에 있는 횡격막과 갈비뼈 사이에 있는 외늑간근을 수축시켜 숨을 들이쉬게 합니다. 돔 형태의 골격근인 횡격막이 수축하면 일직선으로 되면서 아래로 내려가 흉강을 넓히며 외늑간근이 수축하면 갈비뼈들을 앞쪽, 위쪽으로 들어 올려 이 또한 흉강을 넓힙니다. 부피와 압력의 곱은 항상 일정하다는 '보일Boyle 의 법칙'이 있습니다. 이 법칙에 따르면 횡격막과 외늑간근이 수축해 흉강이 넓어지면 압력이 낮아지면서 공기가 폐 속으로 들어옵니다. 주사기의 피스톤을 잡아당기면 실린더로 주사액이 들어오는 것과 같은 이치입니다.

코 속의 양쪽 구멍은 1~4시간마다 크기가 달라집니다. 한쪽이 넓어지고 반대쪽이 좁아지는 것을 번갈아가며 반복합니다. 자율신경계에 의해 양쪽 코 속 점막의 울혈 정도가 간헐적으로 달라져서 나타나는 현상입니다. 겉에서 보이는 구멍이 아니라 코 속의 구멍입니다. 왜 이런 현상이 일어날까요? 우리 몸에 나타나는 모든 현상은 이유가 있습니다. 그리고 대부분 유리한 방향으로 작용을 합니다. 코 속의 구멍이 좁으면 흡식 공기의 습도를 조절하는 데 유리합니다. 북유럽처럼 추운 지역에 사는 사람들의 코를 보면 코가 높고 크며 구멍이 좁습니다. 차갑고 습도가 낮은 공기가 좁고 긴 코를 통과하는 동안 따뜻하고 습하게 만들어져서 폐에 보내지게 됩니다. 반면 열대 지방에 사는 사람들의 코는 납작하며 콧구멍도 큽니다. 들어오는 공기를 따뜻하고 습하게 만들 필요가 없기 때문입니다. 한쪽 코 속의 구멍이 좁으면 흡식 공기를 코 속에 오래 머물게 해 후각의 기능을 높일 수도 있습니다. 그렇다고 양쪽 구멍이 모두 좁아지는 것을 생각하셨다면 숨이 답답해질 수 있다는 점을 감안하시기 바랍니다. 감기에 걸렸을 때 코 막힘이 코 좌우에서 간헐적으로 나타났던 경험이 있을 것입니다. 바로 이러한 이유 때문입니다.

많은 사람들이 복식호흡과 흉식호흡에 대해 관심을 갖

고 있습니다. 복식호흡은 횡격막을 이용해 배로 하는 호흡이며 흉식호흡은 외늑간근을 이용해 가슴으로 하는 호흡이라고 알고 있습니다. 혹시 복식호흡은 좋은 호흡이고 흉식호흡은 나쁜 호흡이라고 알고 계신가요? 부분적으로는 맞는 이야기이지만 좀 더 정확하게 파악해야 할 부분이 있습니다. 우선 복식호흡과 흉식호흡이 완전히 다른 호흡이라는 생각을 버려야 합니다. 두 호흡을 완벽하게 분리해서 할 수 있나요? 의도적으로 횡격막만 수축시키거나 외늑간근만 수축시키는 것은 불가능합니다. 연수에 있는 흡식중추가 횡격막과 외늑간근 중 하나에만 수축 정보를 줄 수 없기 때문입니다. 우리의 의지대로 작동하는 대뇌피질의 운동중추도 횡격막과 외늑간근을 분리해서 수축시킬 수 없습니다.

만약 복식호흡 시범을 보이는 사람이 그 방법을 거창하게 설명하더라도 복식호흡은 대뇌피질의 운동중추를 통해 흡식을 깊게 하는 것일 뿐입니다. 간단하게 말해서 복식호흡을 하려면 흡식과 호식을 깊게 그리고 천천히 하면 됩니다. 흉식호흡 역시 특별한 호흡이 아닙니다. 호흡을 얕게 하는 것입니다. 호흡이 얕아지면 숨이 차니 호흡은 빨라지게 되겠지요. 왜 깊은 호흡은 복식호흡이 되고 얕은 호흡은 흉식호흡이 될까요? 이유는 호흡근이 수축해 넓힐 수 있는 공간에 차이가 나기 때문입니다. 횡격막이 수축해 넓힐 수 있는 공간은 배 쪽으로 향하므로 비교적 넓은 반면 외늑간근이 수축해 갈비뼈를 들어 올리면서 넓힐 수 있는 공간은 상대적으로 좁습니다.

깊게 흡식을 하는 복식호흡은 얕게 흡식하는 흉식호흡보다 건강에 유리합니다. 우리 몸은 산소가 부족해지면 교감신경이 흥분합니다. 깊게 들이마시는 복식호흡은 산소를 충분히 공급해 교감신경의 흥분이 가라앉고 부교감신경이 촉진됩니다. 걱정이 많을 때 한숨을 쉬는 것도 복식호흡과 유사하게 스트레스를 해소시킬 것 같습니다. 반대로 흉식호흡은 복식호흡보다 상대적으로 산소를 적게 공급해 교감신경이 흥분되고 부교감신경이 억제됩니다. 건강에는 불리하겠지요.

고혈압 환자에게 틈틈이 복식호흡을 하도록 권장하는 이유는 교감신경의 흥분을 가라앉혀 혈압을 낮추려는 것입니다. 혈압이 높지 않더라도 일상생활을 하면서 가끔 명상을 하듯 깊고 느린 복식호흡을 반복해 몸과 마음을 안정시키기 바랍니다.

34

저장 강박에
사로잡힌 사람들

'저장 강박증'을 아시나요? 주위의 모든 물건을 저장해 악취가 진동해도 버리지 못하는 증상을 말합니다. 저장 강박증은 전두엽의 판단 능력과 행동 결정에 문제가 생겨서 발생합니다. 무엇이 쓸모가 있고 무엇이 쓸모가 없는지를 판단하지 못하는 것입니다. 이 질환의 원인은 행복호르몬 중 하나인 세로토닌의 부족으로 알려져 있으며, 대표적인 치료 약물이 세로토닌의 농도를 높이는 'SSRI Selective Serotonin Reuptake Inhibitor'이기도 합니다.

임상적으로는 저장 강박증이 노년층에서 많이 발생한

다고 알려져 있으나 최근에는 젊은 층에서도 종종 나타나는 것으로 보고되고 있습니다. 개인 차이가 있겠지만 현대인이라면 어느 누구도 저장에 대한 집착에서 자유롭지 못할 것입니다. 돈의 경우라면 더욱 그렇습니다. 일전에 개봉돼 화제를 모았던 영화 〈돈의 맛〉에서 인상적인 장면은 재벌의 집 안에 있던 돈의 방입니다. 정치인이나 유력 인사에게 뇌물로 주기 위해 현금을 넣어둔 방인데 제작진은 현실감을 높이기 위해 실제로 5만 원권과 100달러 지폐 등 총 80여억 원을 빌려와 찍었다고 합니다. 이렇게 많은 돈이 방 안 가득히 쌓여 있어서 영상은 그럴듯하게 나왔지만 현장에 있던 촬영 관계자에 따르면 돈에서 나는 냄새가 아주 지독해서 참기가 힘들었다고 합니다.

코로나19 백신은 우리에게 고마운 존재입니다. 백신 개발 업체들은 또 다른 의미에서 코로나19 백신이 고마울 것입니다. 특허 덕분에 어마어마한 수익을 올렸기 때문입니다. 미국 제약회사 화이자의 최고경영자인 앨버트 불라Albert Bourla는 화이자가 2021년 코로나19 백신 판매에 힘입어 매출액이 812억 달러를 넘겼다고 밝혔습니다. 2022년에는 먹는 치료제인 '팍스로비드Paxlovid'까지 출시해 화이자의 매출액이 1,000억 달러에 달할 것이라는 전망이 나옵니다. 미국 제약회사 모더나도 2021년 코로나19 백신 덕분에 184억 달러가 넘는 매출액을 달성했습니다. 더구나 그동안 여러 국가가 요청한 특허 면제를 거부해온 화이자와 모더나가 영국 「파이낸셜 타임즈」의 보도대로 코로나19 백신의 가격을 인상한다면 두 회사의 매출은 더 늘어날 것입니다. 백신의 가격 인상이 회사의 수익을 높일지는 몰라도 백신의 사각지대를 늘려서 더 많은 변이 바이러스를 발생시킬 수 있다는 점도 알아야 합니다. 그러나 두 회사에게는 새로운 변이가 나타나는 것은 또 다른 백신을 만들어 수익을 더 낼 수 있는 호재일지 모릅니다. 백신 가격을 인상하면서 그것까지 염두에 두었다고는 생각하고 싶지 않습니다.

사하라사막 이남의 아프리카, 중남미, 동남아시아에 코로나19 백신을 맞지 못한 사람이 2021년 기준 30억 명에 이릅니다. 특히 아프리카는 경제적인 여건상 백신을 맞기가 어렵고, 홍보 부족 등으로 백신 접종을 주저하는 분위기도 높습니다. 아프리카가 코로나19 변이의 근거지가 될 수 있다는 우려가 높은 이유입니다. 실제로 남아프리카공화국발 '오미크론Omicron'과 보츠와나발 '누Nu'가 지구를 강타했습니다. 연구자들은 오미크론 변이가 백신 접종률이 낮고 PCR 검사가 제대로 이루어지지 않는 사하라사막 이남의 어느 곳에서 발생했을 것이라고 추정하고 있습니다.

이런 와중에 2022년 한 줄기 빛과 같은 소식이 전해졌습니다. 미국 베일러의과대학과 텍사스 아동병원의 연구팀이 효능이 뛰어나며 보관이 편한 코로나19 백신 '코르베백스Corbevax'를 개발해 특허로 등록하지 않고 기술을 공개했습니다. 화이자 백신에 버금가는 백신이 특허 없이 등장한 것입니다. 개발 책임자인 피터 호테즈Peter Hotez 박사와 마리아 보타치Maria Bottazzi 박사는 코르베백스로 수익을 내지 않을 것이며, 이것은 우리 연구팀이 세계에 주는 선물이라고 했습니다. 코르베백스가 경제적인 이유로 백신에서 소외됐던 국가들에게 큰 희망이 될 것으로 기대합니다. 적어도 피터 호테즈 박사와 마리아 보타치 박사는 화이자의 최고경영자 앨버트 불라와는 비교조차 할 수 없을 정도의 심성과 철학을 가진 것 같습니다.

지구 상에는 2020년 현재 10억 명 이상이 기아와 영양 실조로 고생하고 있습니다. UN의 식량조사보고에 따르면 인류는 최소 120억 명이 먹을 만큼의 농산물을 생산하고 있는데 말입니다. 도대체 전 인류가 먹고도 남을 정도의 농산물이 생산되는데 왜 기아가 생길까요? 예상대로 아프리카 등에 사는 사람들이 가난하기 때문입니다. 아프리카 빈곤의 배후에는 뉴욕이나 런던 등 세계 주요 도시의 거대 자본이 도사리고 있습니다. 최근 들어 거대 자본들이 아프리카의 경작지를 사들여 유럽이나 미국 등 선진국들이 원하는 채소나 과일을 재배하고 있습니다. 따라서 쌀과 밀 같은 곡물의 재배가 줄어들어 정작 아프리카 사람들은 곡물을 수입해서 먹어야 하는 지경에 놓였습니다.

거대 자본은 곡물 가격을 결정하는 데도 힘을 발휘합니다. 충분한 곡물을 확보하고서도 높은 가격을 유지하기 위해 공급량을 조절하는 것이 한 예입니다. 세계 각국의 정상이나 UN도 전 세계 식량의 85퍼센트 이상을 장악한 거대 자본의 힘에는 밀리고 있습니다. 코로나19 백신을 쥐고 있는 화이자나 곡물을 끌어안고 있는 거대 자본이 모두 저장 강박증을 앓고 있는 환자처럼 보이지 않나요? 두 집단의 태도는 요즈음 개별 기업이나 자본을 넘어 한 국가의 성패를 결정할 개념으로 떠오르는 'ESG Environment, Social and Governance'의 목표 중 하나인 사회적 책임경영에는 근처에도 가지 못하는 것 같습니다. 재물 부자가 아닌 마음 부자이기가 쉽지 않은가 봅니다.

만약 우리가 버는 돈의 일정 부분을 빵으로 받는다면 어떨까요? 아마도 많은 사람들이 꿈꾸는 빈부 격차의 해소는 비교적 쉽게 이루어질 것입니다. 저장 강박증 환자가 아닌 이상 빵을 집에 쌓아두기보다는 썩기 전에 남에게 줄 것이기 때문입니다.

코르베백스를 희사한 피테 호테즈 박사와 마리아 보타치 박사의 결정에 다시 한번 박수를 보냅니다.

35

인구정책
이대로 좋은가?

대한민국은 1980년대 말까지 산아제한정책을 쓰다 현재는 인구 절벽을 걱정하는 신세가 됐습니다. "많이 낳아 고생 말고, 적게 낳아 잘 키우자." 1960년대에 우리 정부가 인구 폭발을 걱정하며 내건 표어입니다. 국민이 가난에 허덕일 것을 걱정해 산아제한정책에 주력한 것입니다. 3명의 자녀를 3년 터울로 낳고 35세부터는 그만 낳는 3·3·35 캠페인도 벌였습니다. 이때 대한민국의 인구수는 2,500만 명이었습니다. 1970년대에도 정부의 산아제한정책은 계속됐습니다. 당시 우리 사회는 남아 선호 사

그림 12. 1983년 대한가족계획협회의 산아제한정책 표어

상으로 아들을 낳을 때까지 출산하는 경우가 많았습니다. 이에 대한 대응으로 "딸 아들 구별 말고 둘만 낳아 잘 기르자" 등의 홍보를 했을 정도였습니다. 1983년에는 그림 12처럼 대한가족계획협회가 "하나씩만 낳아도 삼천리는 초만원"이라는 표어를 내걸며 산아제한정책을 더 강하게 추진했습니다.

그 시대에는 중국을 포함한 여러 나라가 우리나라의 산아제한정책과 비슷한 정책을 써서 인구수를 줄이고자 했습니다. 이후에는 급기야 우리나라 출산율이 인구수 유지의 마지노선인 2.1명보다 낮아지는 쾌거(?)를 이루었습니다. 더구나 출산율이 줄어들수록 의료기술을 이용한 남아 선호 사상의 폐해가 두드러져 1990년 남아 출생이 여아 출생을 100으로 할 때 116.5까지 치솟았습니다. 출산율의 급락과 남아의 증가로 인한 성비 불균형은 정부가 출산정책을 수정하는 계기가 되었습니다. 수십 년간 지속적으로 유지해온 산아제한정책의 결실로 드디어 출산율 하락을 이루었는데 말입니다. 실제로 우리 정부는 1989년에 피임 사업과 산아제한정책을 중단했으며, 1996년에는 인구정책의 목표를 산아제한에서 자질 향상으로 변경했습니다. 2022년 현재에도 계속되고 있는 인구 절벽에 대한 불안감이 이때부터 시작됐습니다. 우리 정부의 걱정이 인구 폭발에서 인구 절벽으로 바뀐 것이 1960년부터 30년 가까이 펼쳐왔던 산아제한정책의 효과 때문일까요?

우리나라의 인구수는 1960년 2,500만 명에서 1990년 4,300만 명, 2020년 5,200만 명이었으며, 2060년에는 4,300만 명이 될 것으로 예상하고 있습니다. 다시 한번 생각해보겠습니다. 인구수 2,500만 명이던 1960년에는 산아제한정책을 펼치다가 5,200만 명으로 2배가 넘게 증가한 2020년에는 출산장려정책을 쓰고 있습니다. 신생아 수를 발판으로 인구 변화의 추세를 감안해 수립한 어쩔 수 없는 선택이라고 하더라도 선뜻 이해하기가 어렵습니다. 1960년에는 식량 부족으로 인한 기근을 걱정했고 2020년에는 노동력 감소로 인한 국력의 쇠퇴를 걱정해 펴낸 정책이겠지요. 그러나 모든 정책이 우리나 우리나라만 생각해 수립한 것 같습니다.

인류의 생존을 위태롭게 할 요소로는 기후 변화, 핵전쟁, 탄소 중립, 팬데믹 전염병 등을 꼽습니다. 여기에 인구 증가도 인류의 생존을 위협할 요소 중 하나입니다. 1만 년 전 인류가 농사를 시작하기 직전에는 전 세계 인구수가 500~1,000만 명에 불과했습니다. 이후 농사가 인류를 기아에서 탈출하게 만들어준 결과로 서기 1800년에는 인구수가 1만 년 전의 100배가 넘는 10억 명에 이르렀습니다. 농사가 이룬 쾌거입니다. 세계 인구수는 1850년 11억 명이던 것이 1930년에는 20억 명, 1974년에는 40억 명, 2020년에는 78억 명에 이르렀습니다. 폭발적인 인구의 증가는 1850년 시작된 산업혁명과 이후 공중위생 향상, 항생제 개발 등의 의약학 발달에 의해 영아 사망률이 감소하고 수명이 연장된 결과라고 추측됩니다. 이런 추세라면 머지않아 인구수가 100억 명을 채울 것 같습니다. 실제로 UN이 2019년 발표한 자료에 따르면, 세계 인구가 2100년에 약 110억 명에 이를 것으로 전망했습니다.

미국 워싱턴대학교의 크리스토퍼 머레이Christopher Murray 교수 연구팀도 2020년 「란셋」에 세계 인구가 2064년경에 약 97억 명에 이를 것이라고 보고했습니다. 머레이 교수 연구팀이 예상한 국가별 인구 변화 추이를 보면, 산아제한정책을 쓰다 현재는 인구 절벽을 걱정하고 있는 한국, 일본, 이탈리아, 스페인 등은 2100년에 인구가 절반 이상 줄어들며, 중국, 브라질, 러시아 등도 현저하게 인구가 감소할 것입니다. 반면 나이지리아의 인구는 3배 이상 증가해 8억 명에 이를 것이며 콩고, 에티오피아, 이집트, 탄자니아 등 아프리카 대부분 나라의 인구도 폭발적으로 증가할 것입니다. 우리나라와 같이 인구 감소가 예상되는 나라들의 공통적인 고민은 인적 자원의 감소가 국력의 저하로 이어지는 것입니다. 그렇다고 모든 나라가 자기 나라의 국익만 내세워 인구를 조절하지 않는다면, 예를 들어 중국이나 인도 등의 인구 대국이 인구 증가에 매진한다면 지구 상에서 돌이킬 수 없는 일이 벌어질지도 모릅니다.

지구가 인구 100억 명을 버틸 수 있을까요? 심각한 식량난과 에너지 자원 고갈에 따른 전쟁은 물론 심각한 환경 파괴를 겪을 것이 불을 보듯 뻔합니다. 최근에는 인구가 증가할수록 다른 생물들의 생물량은 점차 줄고, 야생동물의 개체 수와 몸 크기도 줄어들고 있다는 보고가 있습니다. 멸종해 사라지는 생물종은 폭발적으로 늘어나고 있습니다. 멸종의 주요 원인이 지구 온난화인 것은 맞지만 인구 증가가 생태계 파괴를 가속화시키는 것도 부인할 수 없는 사실입니다. 자국의 국익만을 추구하다 소탐대실로 이어지는 우를 범하지 말았으면 합니다. 지구의 총 생물량 중 겨우 1만분의 1밖에 되지 않는 인간이 그 수가 100억 명이 되어도 미미하기는 마찬가지입니다. 우

리가 주인인 듯이 지구의 모든 것을 독차지하려는 욕심
은 나머지 생물 9,999에게 미안한 일이자 절대 가져서는
안 되는 놀부 심보입니다.

맺음말

　두 사람이 서로의 주장을 굽히지 않고 우기는 경우를 종종 봅니다. 고집이 세다는 것은 소신이 있다는 말로 미화될 수 있습니다. 언쟁 중인 두 사람은 그동안 경험한 내용이나 쌓아온 지식을 바탕으로 판단하고 우깁니다. 마음속으로는 자신의 지식이 부족하다는 것과 기억력이 깜빡깜빡한다는 사실을 인정하면서 말입니다. 그러나 이런 부족함과는 전혀 상관없이 자신의 주장을 끝까지 굽히지 않습니다.

　안타깝게도 나이가 들어 기억력이 쇠퇴할수록 주장은 더 강해져서 쇠고집이 되어갑니다. 치매와 면역 노화의 공통점은 노화 현상으로 인해 뇌나 면역 시스템에서 기억을 담당하는 공간이 줄어든다는 것입니다. 더구나 기왕에 기억된 내용이 많을수록 새로운 것을 기억할 수 있는 공간은 더욱더 좁아집니다. 노령층의 많은 분들이 전자기기 등 새로운 것을 마주하면 겁부터 내거나 백신을 3차까지 꼭 맞아야 하는 이유입니다.

최근 들어 연세가 많은 분들이 운전 미숙으로 큰 사고를 일으켰다는 보도가 자주 나오고 있습니다. 노령층이 운전면허를 국가에 반납할 수 있도록 창구를 열어둔 것은 노화에 순응하도록 도와드리는 합리적인 제도라고 생각합니다. 운동은 노화 현상이 천천히 오게 할 수 있는 가장 확실한 방법입니다. 운동을 하면 기억을 담당하는 해마의 뇌세포와 면역을 담당하는 백혈구의 재생이 촉진되기 때문입니다. 노화에 대비해 꾸준한 운동으로 건강한 몸과 정신을 미리미리 준비해두시기 바랍니다. 운동에 의해 분비되는 엔도르핀, 도파민, 세로토닌 등의 행복호르몬도 만끽하면서 말입니다.

인간은 양극단의 심성을 갖고 있습니다. 인간은 포유

류 중 가장 잔혹한 행동을 서슴지 않지만 어느 동물에서
도 볼 수 없는 측은지심과 희생정신도 함께 갖고 있습니
다. 이기적 유전자만으로는 쉽게 설명이 되지 않는 이타
심의 발로입니다. 최근에 밝혀진 보노보의 입양은 우리에
게 많은 것을 보여주었고 앞으로 인간의 입양과 같은 이
타적인 심성에 대해 좀 더 구체적으로 알게 해줄 것입니
다. 인간과 가장 유사하다고 알려진 보노보가 처음 만난
보노보에게 자기의 과일을 건네는 것이나 다른 영장류와
는 달리 폭력적인 면을 보이지 않는 것도 인간의 이타적
인 마음을 연구하는 데 도움을 줄 것입니다.

흰자위가 보이는 돌연변이 침팬지도 마찬가지입니다.
미국 하버드대학교의 에드워드 윌슨과 마틴 노왁 교수가
'가장 창조적인 힘'이라고 주장하는 '협력'의 기원은 소통
에서 출발합니다. 서로의 가치와 의견이 다르다는 것은

자연스러운 일입니다. 협력은 생각이 다른 사람과도 하는 것입니다. 서로 다르다는 것을 에너지로 활용하려면 더욱 그렇습니다. 침팬지 중에서 흰자위가 보이는 돌연변이가 나타난 것은 생명체가 외부와 소통을 하겠다고 알렸던 과거의 신호탄을 다시 보는 듯합니다. 소통을 통한 협력은 이기적 유전자를 넘어 이타적 집단을 이끄는 원동력이 될 것입니다.

지구를 강타한 코로나19는 우리에게 많은 것을 알게 해주었습니다. 2000년대 이후 나타난 팬데믹 전염병 상황을 살펴보면 2003년 사스, 2009년 신종 플루, 2015년 메르스, 2019년 코로나19가 4~6년의 시차를 두고 등장했습니다. 코로나19가 2019년 말 중국 우한에서 시작된 이후 2020년 12월 영국에서 알파 변이가 유행하고, 2021년 5월에는 인도에서 델타 변이가, 11월에는 남아프리카공화국에서 오미크론 변이가, 2022년 3월에는 스텔스 오미크론이 각각 4~6개월의 간격을 두고 등장했습니다. 일정한 간격을 두고 예고하듯 출몰하는 바이러스와 변이가 소름이 끼칠 정도로 유사해 보입니다. 사형수가 형을 집행할 날을 알고 하루하루를 보내듯이 전 세계인이 다음 차례의 전염병이나 변이를 공포 속에서 기다리는 꼴이 되었습니다.

유행이 시작됐던 초반에는 전 세계인이 코로나 바이러스와 박쥐를 중국의 우한과 함께 코로나19의 원흉으로 몰아갔습니다. 그러나 이후에는 인간이 개발을 목적으로 자연을 파괴하면서 스스로 야생동물의 서식지에 가까이 간 것이 근본적인 원인임을 알게 되었습니다. 매일 말로만 강조하던 환경 보존의 중요성이 발등에 떨어진 불처럼 와닿게 된 것입니다. 이번에 값비싼 수업료를 지불

했으니 무모하게 앞으로만 달려가지 말고 함께 살아가는 모든 생명체를 생각하면서 우리 자신을 돌아보았으면 하는 바람입니다.

책이 나오기까지 음으로 양으로 도움을 준, 이와우출판사의 우재오 대표께 감사의 마음을 전합니다. 끊임없는 믿음으로 지칠 틈도 없게 용기를 북돋아준 장본인이기 때문에 더욱 그렇습니다. 아내 김희진 교수는 연세대학교 원주캠퍼스에서 생명과학을 가르치고 있습니다. 전문가와 독자의 입장에서 원고에 대해 두루 평가해주어 얼마만큼의 도움을 받았는지 말하기조차 어려울 정도입니다. 모두에게 고맙게 생각합니다.

최선을 다해 만든
이와우의
책들을 소개합니다

어느 누군가의 삶 속에서 얻는 깨달음

리더는 사람을
버리지 않는다

야신 김성근 리더십

누군가는 나를 바보라
말하겠지만

억대연봉 변호사의 길을 포기한
어느 한 시민활동가의 고백

어금니 꽉 깨물고

노점에서 가구회사 사장으로
30대 두 형제의 생존 필살기

안녕, 매튜

식물인간이 된 남동생을 안락사
시키기까지의 8년의 기록

삶의 끝이 오니
보이는 것들

아흔의 세월이 전하는
삶의 진수

차마 하지 못했던 말

'요즘 것'이 요즘 것들과 일하는
이들에게 전하는 속마음

류승완의 자세

영화감독 류승완의
마음을 움직이는 힘

문과생존원정대

문송(문과라서 죄송합니다)시대
문과생 도전기

무슨 애엄마가
이렇습니다

일과 육아 사이 흔들리며
성장한 10년의 기록

누구나 한 번은
엄마와 이별한다

하루하루 미루다 평생을
후회할지 모를 당신에게
전하는 고백

지적인 삶을 위한 교양의 식탁

인문학의 뿌리를 읽다

서울대 서양고전 열풍을
이끈 김헌 교수의
인문학 강의

숙주인간

'나'를 조종하는 내 몸 속
미생물 이야기

마흔의 몸공부

동의보감으로 준비하는
또 다른 시작

What Am I

뇌의학자 나흥식 교수의
'생물학적 인간'에 대한 통찰

난생처음 도전하는
셰익스피어 5대 희극

지적인 삶을 위한
지성의 반올림!

난생처음 도전하는
셰익스피어 4대 비극

지적인 삶을 위한
지성의 반올림!

삶의 쉼표가 되는,
옛 그림 한 수저

교양이 풀풀 나게 만드는
옛 그림 감상법

시인의 말법

전설의 사랑시에서 건져낸
울림과 리듬

치열한 삶의 현장 속으로

골목상권 챔피언들
작은 거인들의 승리의 기록

마즈 웨이(Mars Way)
100년의 역사, 세계적 기업
마즈가 일하는 법

심 스틸러
광고인 이현종의 생각의 힘,
감각의 힘, 설득의 힘

당신만 몰랐던
스마트한 세상들
스마트한 기업들이 성공한
4가지 방법

폭풍전야 2016
20년 만에 뒤바뀌는
경제 환경에 대비하라

우리는 일본을
닮아가는가
LG경제연구원의 저성장 사회
위기 보고서

손에 잡히는
4차 산업혁명
CES와 MWC에서 발견한
미래의 상품, 미래의 기술

어떻게 팔지 답답한
마음에 슬쩍 들춰본
전설의 광고들
나이키, 애플, 하인즈, 미쉐린의
운명을 바꾼 광고 이야기

우리가 사는 세상과 사회

그들은 소리 내
울지 않는다
송호근 교수의 이 시대
50대 인생 보고서

무엇이 미친 정치를
지배하는가?
우리 정치가 바뀌지 못하는
진짜 이유

도발하라

서울대 이근 교수가 전하는
'닥치고 따르라'는 세상에
맞서는 방법

어떻게 바꿀 것인가

서울대 강원택 교수가 전하는
개헌의 시작과 끝

서울을 떠나는
삶을 권하다

행복에 한 걸음 다가서는
현실적 용기

부패권력은 어떻게
국가를 파괴하는가

어느 한 저널리스트의
부패에 대한 기록과 통찰

크리스천을 위하여 ────────

예수

김형석 연세대 명예교수가
전하는 예수

어떻게 믿을 것인가

김형석 연세대 명예교수가
전하는 올바른 신앙의 길

처음으로 기독교인이라
불렸던 사람들

기독교 본연의 모습을 찾아
떠나는 여행

인생의 길, 믿음이 있어
행복했습니다

김형석 연세대 명예교수의
신앙 에세이

예수의 말

예수 공부의 정수

내 몸이 궁금해서 내 맘이 궁금해서

ⓒ나흥식, 2022

초판 1쇄 발행 2022년 8월 8일
초판 2쇄 발행 2022년 9월 28일

지은이 나흥식
펴낸곳 도서출판 이와우
출판등록 2013년 7월 8일 제2013-000115호
주소 경기도 파주시 운정역길 99-18
전화 031-945-9616
이메일 editorwoo@hotmail.com
홈페이지 www.ewawoo.com

ISBN   978-89-98933-44-9 （03470）